畜禽养殖减抗
技术丛书
Chuqin Yangzhi Jiankang
Jishu Congshu

丛书主编：沈建忠

蛋鸡养殖减抗
技术指南

Danji Yangzhi Jiankang
Jishu Zhinan

国家动物健康与食品安全创新联盟　组编

王红宁　主编

中国农业出版社
北　京

丛书编委会

编者名单

主　　编　王红宁（四川大学）

副 主 编　张安云（四川大学）

　　　　　雷昌伟（四川大学）

参　　编　（按姓氏笔画排序）

　　　　　马博恒（四川大学）

　　　　　王　钦（四川大学）

　　　　　王　晶（中国农业科学院饲料研究所）

　　　　　王晓亮（宁夏晓鸣农牧股份有限公司）

　　　　　王海旺（北京德青源农业科技股份有限公司）

　　　　　尤永君（天津瑞普生物技术股份有限公司）

　　　　　毛东有（北京市华都峪口禽业有限责任公司）

　　　　　文仁桥（四川大学）

　　　　　边海霞（宁夏晓鸣农牧股份有限公司）

　　　　　刘桂兰（天津瑞普生物技术股份有限公司）

　　　　　齐广海（中国农业科学院饲料研究所）

　　　　　齐莎日娜（四川圣迪乐村生态食品股份有限公司）

　　　　　李　豪（四川大学）

　　　　　李守军（天津瑞普生物技术股份有限公司）

　　　　　李丽华（北京市华都峪口禽业有限责任公司）

　　　　　李定刚（保定冀中药业有限公司）

　　　　　杨　雪（四川大学）

　　　　　杨　鑫（四川大学）

吴国彬（北京生泰尔科技股份有限公司）

吴鹏飞（保定冀中药业有限公司）

应小强（北京家禽育种有限公司）

张弘毅（湖北神丹健康食品有限公司）

林　静（中国农业科学院饲料研究所）

周云锋（宁夏晓鸣农牧股份有限公司）

郑江霞（中国农业大学）

郑炜超（中国农业大学）

袁正东（北京德青源农业科技股份有限公司）

唐艺芝（四川大学）

黄秀英（北京市华都峪口禽业有限责任公司）

黄柘人（四川大学）

梁　宁（北京家禽育种有限公司）

彭　星（四川圣迪乐村生态食品股份有限公司）

董晓光（中国农业科学院饲料研究所）

蒋清蓉（四川圣迪乐村生态食品股份有限公司）

曾　丹（华裕农业科技有限公司）

赖守勋（四川圣迪乐村生态食品股份有限公司）

支持单位

四川圣迪乐村生态食品股份有限公司

天津瑞普生物技术股份有限公司

成都速康畜牧科技有限公司

普莱柯生物工程股份有限公司

北京正大蛋业有限公司

保定冀中药业有限公司

北京生泰尔科技股份有限公司

总序 Preface

改革开放以来，我国畜禽养殖业取得了长足的进步与突出的成就，生猪、蛋鸡、肉鸡、水产养殖数量已位居全球第一，肉牛和奶牛养殖数量分别位居全球第二和第五，这些成就的取得离不开兽用抗菌药物的保驾护航。兽用抗菌药物在防治动物疾病、提高养殖效益中发挥着极其重要的作用。国内外生产实践表明，现代养殖业要保障动物健康，抗菌药物的合理使用必不可少。然而，兽用抗菌药物的过度使用，尤其是长期作为抗菌药物促生长剂的使用，会导致药物残留与细菌耐药性的产生，并通过食品与环境传播给人，严重威胁人类健康。因此，欧盟于 2006 年全面禁用饲料药物添加剂，我国也于 2020 年全面退出除中药外的所有促生长类药物饲料添加剂品种。特别是，2018 年以来，农业农村部推进实施兽用抗菌药使用减量化行动，2021 年 10 月印发了"十四五"时期行动方案促进养殖业绿色发展。目前，我国正处在由传统养殖业向现代养殖业转型的关键时期，抗菌药物促生长剂的退出将给现代养殖业的发展带来严峻挑战，主要表现在动物发病率上升、死亡率升高、治疗用药大幅增加、饲养成本上升、动物源性产品品质下降等。如何科学合理地减量使用抗菌药物，已经成为一个迫切需要解决的问题。

"畜禽养殖减抗技术丛书"的编写出版，正是适应我国现代养殖业发展和广大养殖户的需要，针对兽用抗菌药物减量使用后出现的问题，系统介绍了生猪、奶牛、蛋鸡、肉鸡、水禽等畜禽养殖减抗技术。畜禽减抗养殖是一项系统性工程，其核心不是单纯减少抗菌药物使用量或者不用任何抗菌药物，需要掌握几个原则：一是要按照国家兽药使用安全规定规范使用兽用抗菌药，严格执行兽用处方药制度和休药期制度，坚决杜绝使用违禁药物；二是树立科学审慎使用兽用抗菌药的理念，建立并实施科学合理用药管理制度；三是加强养殖环境、种苗选择和动物疫病防控管理，提高健康养殖水平；四是积极发展替抗技术、研发替抗产品，综合疾病防控和相关管理措施，逐步减少兽用抗菌药的使用量。

本套丛书具有鲜明的特点：一是顺应"十四五"规划要求，紧紧围绕实施乡村振兴战略和党中央、国务院关于农业绿色发展的总体要求，引领养殖业绿色产业发展；二是组织了实力雄厚的编写队伍，既有大专院校和科研院所的专家教授，也有养殖企业的技术骨干，他们长期在教学和畜禽养殖一线工作，具有扎实的专业理论知识和实践经验；三是内容丰富实用，以国内外畜禽养殖减抗新技术新方法为着力点，对促进我国养殖业生产方式的转变，加快构建现代养殖产业体系，推动产业转型升级，促进养殖业规模化、产业化发展具有重要意义。

本套丛书内容丰富，涵盖了畜禽养殖场的选址与建筑布局、生产设施与设备、饲养管理、环境卫生与控制、饲料使用、兽药使用、疫病防控等内容，适合养殖企业和相关技术人员培训、学习和参考使用。

中国工程院院士
中国农业大学动物医学院院长
国家动物健康与食品安全创新联盟理事长

前言 Foreword

　　细菌性疾病给蛋鸡养殖业造成的损失巨大，对蛋鸡细菌性疾病防治的传统方法是使用抗菌药物，因抗菌药物过度使用导致的产品药物残留和细菌耐药性问题已受到人们广泛关注，全面减抗、禁抗已经成为全球养殖业发展的必然趋势。为此，我国农业农村部发布了《兽用抗菌药使用减量化行动试点工作方案（2018—2021年）》《关于促进畜牧业高质量发展的意见》（国办发〔2020〕31号），并在2021年10月印发了"十四五"时期行动方案促进养殖业绿色发展。减抗已成为国家战略。

　　为了严格执行饲料添加剂安全使用规范，加强兽用抗菌药综合治理，实施药物饲料添加剂退出和兽用抗菌药使用减量化行动，蛋鸡养殖减抗技术不仅指减少养殖过程抗生素的使用量，更需要配套一系列技术措施。本书以"保障蛋鸡养殖健康和蛋品安全，实现鸡蛋无菌、无抗、可追溯"为目标，根据国内外最新进展，结合编写人员和团队的研究成果及企业成功经验，阐述了蛋鸡减抗养殖场建设，蛋鸡减抗养殖场环境控制，蛋鸡营养、饲料与饲喂技术，蛋鸡种鸡标准化管理，商品蛋鸡饲养管理，蛋鸡养殖场生物安全管理，蛋鸡常用药物使用规范，蛋鸡规模化养殖常见疾病防治，减抗养殖企业案例等内容。

　　本书理论与实践相结合，可操作性强。可以作为养殖企业、养殖技术人员的工具书，以期为我国减抗背景下的规模化蛋鸡养殖提供系统的技术指导。随着产业发展和科技进步，本书还需不断完善，有不足之处，恳请读者批评指正。

编者

2021 年 12 月

目录 Contents

第一章
蛋鸡减抗养殖场建设

第一节　蛋鸡场规划设计

　　蛋鸡减抗养殖技术不仅指减少养殖过程抗生素的使用量，还需要配套一系列技术措施预防蛋鸡疾病发生、保障蛋鸡健康，是一个"系统工程"。合理的蛋鸡场规划设计是蛋鸡健康养殖的前提，本章从蛋鸡场的选址与规划布局、蛋鸡舍建筑设计以及蛋鸡养殖配套设施三个方面入手，以期达到从蛋鸡场选址及鸡场建设阶段就坚持有利于蛋鸡场环境质量控制的原则，并采用系统性的措施实现蛋鸡养殖全程减抗的目的。

一、场址选择

　　场址选择是蛋鸡场规划与建设的第一考虑，影响到鸡场的建设工作，同时也影响到鸡场投入使用后鸡群的健康状况、生产水平和经济效益。蛋鸡场的建立具有一次性投入、长期使用的特点，理想的鸡场场址不仅要符合当地土地利用发展计划和村镇建设发展计划，而且要符合环保要求。此外，还要综合考虑拟建场地的自然条件（包括地形地势、水源和水质、土壤、气候等），社会条件（包括水、电、交通等）和卫生防疫条件，尽量做到完善合理，避免盲目建场。

（一）自然条件选择

1. 地形地势　地形地势包括场地的坡度及形状等，理想的场地应当建在排水良好、地势较高、背风向阳、平坦或略带缓坡的地方。避免低洼潮湿的地方，如沼泽地、低洼地或四面有山或丘陵的盆地。若鸡场建在平原地区，应选在较周围地段稍高的地方，场内坡度应在1%～3%为宜，利于排水；若在山区建场，应选择较为平坦、坡面向阳的位置，建筑区坡度不宜超过3%。另外，要注意地质构造情况，避开断层、滑坡、塌方的地段，也要避开坡底和谷地以及风口，以免受山洪和暴风雪的袭击。在谷地或山坳中，空气流通状况会受地形地势影响，形成局部空气涡流现象，造成场区出现污浊空气长时间滞留、潮湿、阴冷或闷热等现象，选址时应注意避免。一般来说，低洼潮湿的场地易积聚大量病原微生物和寄生虫，不利于鸡的健康生长，并严重影响建筑物的使用寿命。此外，要求地形开阔整齐，保证场地能充分利用，避免因为地形狭长或边角过多等问题影响鸡场和其他建筑物的合理布局。

2. 水源和水质　鸡场水源包括地面水、地下水和降水等。在蛋鸡饲养过程中，鸡群的饮水、鸡舍和用具的洗涤、员工生活与绿化等都要使用大量的水，因此鸡场附近水资源量及供水能力应满足鸡场生产生活的总体需求。可靠的水源应符合以下要求：

①水量充足。能满足各种用水，并应考虑防火和未来发展需要。

②水质良好。处理简便或不经处理即能符合饮水标准的水最为理想。

③便于防护。保证水源水质经常处于良好状态，不受周围环境的污染。

④取用方便。设备投资少，处理技术简单易行。

水质主要指水中病原微生物和有害物质的含量。除保证有充足的水源外，还应采集水样，进行水质的物理、化学和生物污染分析，以了解水质酸碱度、硬度、透明度，有无有害化学物质等情况，以保证鸡和场区职工的健康和安全。具体的蛋鸡饮用水质标准可参照表 1-1。

表 1-1　蛋鸡饮用水质标准

项目		标准值
感官性状及一般化学指标	色（度）	≤30
	浑浊（度）	≤20
	异臭和异味	无
	肉眼可见物	无
	总硬度（毫克/升）	≤1 500
	酸碱度	6.4～8.0
	溶解性总固体（毫克/升）	≤2 000
	氯化物（毫克/升）	≤250
	硫酸盐（毫克/升）	≤250
细菌学指标	总大肠菌群数（个/100 毫升）	1
毒理学指标	氟化物（以 F^- 计，毫克/升）	2.0
	氰化物（毫克/升）	0.05
	总砷（毫克/升）	0.2
	总汞（毫克/升）	0.001
	铅（毫克/升）	0.1
	铬（六价，毫克/升）	0.05
	镉（毫克/升）	0.01
	硝酸盐（以 N 计，毫克/升）	30

　　3. 土壤　地质土壤的透气性、吸湿性、毛细管特性及土壤化学成分等不仅直接和间接影响鸡场的空气、水质和地上植被等，还影响土壤的净化作用。要求土壤透气透水性强，毛细管作用弱，吸湿性和导热性小，质地均匀，挤压性强。壤土最为理想，这种土壤疏松多孔、透水透气，有利于树木和饲草的生长，冬天可以增加地温，夏天可以减少地面辐射热。砾土、纯沙地不能建饲养场，这种土壤导热快，冬天地温低，夏天灼热，缺乏肥力，不利于植被

生长。

但在客观条件限制的地方，土壤条件稍差，需要在规划设计、施工建造和日常使用管理上，设法弥补土壤的缺陷。土壤中的化学元素缺乏或过多，往往引起蛋鸡地方性营养代谢疾病。有病原微生物及寄生虫污染的土壤，常为蛋鸡发病的传染源。应尽量对土壤进行实验室分析，确定其类型、化学元素含量、被污染情况。

4. 气候因素　气候因素主要指与建筑设计有关并造成鸡场小气候的气象资料，如气温、风力、风向及灾害性天气的情况。我国地域辽阔，气候复杂、变化多样，各地区气候条件差别很大。了解拟建地区常年气象变化特征，包括平均气温、绝对最高与最低气温、土壤冻结深度、降水量与积雪深度、最大风力、常年主导风向、风频率、日照情况等。参照各地民用建筑设计规范标准，同时结合蛋鸡品种的生物学特性，综合评估再进行选址、规划、设计。

（二）社会条件选择

全面考虑蛋鸡场的饲养模式、相对位置、交通运输条件、电力供应、土地征用情况等。

1. 相对位置　为防止场区受到周围环境的污染，选址时应避开居民区的污水排出口，不能将场址选在化工厂、屠宰场、制革厂等容易产生环境污染企业的下风向或附近。在城镇郊区建场时，应距离大城市 20 千米，距离小城镇 10 千米。按照畜牧场建设标准，距离其他畜牧场、兽医机构、畜禽屠宰场不小于 2 千米，距离居民区不小于 3 千米，且必须在城乡建设区常年主导风向的下风向。另外，禁止在以下地区或地段建场：规定的自然保护区、生活饮用水水源保护区、风景旅游区，受洪水或山洪威胁及有泥石流、滑坡等自然灾害多发地带，自然环境污染严重的地区。

2. 交通运输条件　既要考虑交通方便，又要使蛋鸡场与交通干线保持适当的距离。蛋鸡场距二级公路和铁路应不少于 300～

500米，距三级公路（省内公路）应不少于100～200米，距四级
公路应不少于50～100米。蛋鸡场有专用道路与公路相通。

3. 电力供应　蛋鸡场生产、生活都要求有可靠的供电条件，
通常要求蛋鸡场以Ⅱ级供电电源铺设输电线路。如Ⅲ级以下电源供
电时，则需自备发电机。选择蛋鸡场场址时应靠近输电线路，尽量
缩短新线的铺设距离，减少供电投资。

4. 土地征用情况　选址时应尽量避开基本农田区域，选择荒
地、劣地。选址时一定要查看当地的农业发展规划、土地利用发展
规划以及经济发展规划，保证蛋鸡场用地顺应当地的长远规划，避
免将来被拆迁，使用年限过短。

二、场区规划

（一）总体规划

蛋鸡场址选定后，要根据场地的地形地势和当地主导风向，计
划和安排场内不同功能区、道路、排水、绿化等区域的位置，即为
场区规划（图1-1）。根据场地规划方案和蛋鸡场工艺设计对各种房

图1-1　蛋鸡场布局图

舍的规定，合理安排每栋房屋和每种设施的位置和朝向，称为建筑
物布局。场地规划和建筑物布局必须相互配合进行，综合考虑。蛋
鸡场功能分区、各区建筑物布置，不仅直接影响基建投资、经营管
理、劳动生产率和经济效益，而且影响场区小气候状况和兽医卫生
水平。

（二）功能分区

　　按性质相同、功能相近、联系密切而对环境要求一致的原则，
把不同的建筑物分为不同的功能区域。

　　具有一定规模的蛋鸡场一般分为四个功能区：生活区、生产辅
助区、生产区和隔离区。在进行场地规划时，应充分考虑未来的发
展，在规划时留有余地。各区的位置要从人畜卫生防疫和工作方便
的角度考虑，根据场地地势和当地全年主导风向，生活区应该在场
区地势最高处和上风处，隔离区在地势最凹处和下风处（或侧风
向）。按图1-2所示的顺序安排各区，这样配置可减少或防止蛋鸡
场产生的不良气味、噪声及粪尿污水因风向和地面径流对居民生活
环境和管理区工作环境造成污染，并减少疫病蔓延的机会。

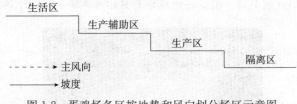

图1-2　蛋鸡场各区按地势和风向划分场区示意图

　　1. 生活区　生活区包括场区工作人员的宿舍、娱乐场所、办
公室，负责场外运输车辆的车库（或车棚），除饲料库以外的其他
库房，产品的加工车间等。生活区与生产区隔离，两者相距至少
300～500米。外来人员只能在生活区活动，负责向场外运输物品
的车辆也只能在生活区活动，不应该进入生产区。生活区应靠近场

区大门内侧集中布置，方便与外界的联系和防疫。

2. 生产辅助区　生产辅助区主要包括供水、供电、供热、维修、仓库和饲料加工车间与储存间等建筑设施。此区位置的确定除考虑风向、地势外，还应考虑将其设在与外界联系方便的位置。为了防疫安全，又便于外面车辆将饲料运入和将饲料成品送往生产区，应将饲料加工车间和储存间设在该区与生产区隔墙处。但对于兼营饲料加工销售的综合型大场，则应在保证防疫安全和与生产区保持方便联系的前提下，独立组成饲料生产小区，饲料调制和储存间原则上应设在生产区上风处和地势较高处，同时要与各蛋鸡舍保持方便的联系，设置时还要考虑与饲料加工车间保持最方便的联系。饲料加工车间及储存间的位置要既便于原料从场外运入，又要避免外面车辆进入生产区。

蛋品储存及加工的建筑设在靠近生产区的一侧，紧贴生产区围墙，且应将运出的门直接开在围墙上，以避免运输工具进入生产区内。蛋品加工厂不得设在生产区内。蛋鸡粪便与生产污水的堆放与储存设施应设在生产区的下风向、地势稍低处，并远离水源以防污染。

3. 生产区　生产区是蛋鸡场的核心，主要安排各种类型鸡舍及生产附属设施。生产区内鸡舍的布局根据生产工艺流程按下列顺序布置：育雏舍、育成舍、成鸡舍。育雏舍布置在上风向，产蛋鸡舍布置在偏下风向，育雏、育成区域与蛋鸡饲养区域间距应在150米以上。孵化室布置在生产辅助区的一侧，靠近大门，以便购入种蛋时外部人员不与生产鸡群接触。

4. 隔离区　隔离区主要包括患病蛋鸡的治疗室、病鸡隔离室、处理死鸡的焚尸室或埋尸坑等，有的还包括粪便、污水处理室。隔离区与生产区至少相距300～500米。隔离区周围最好有天然的或人工的隔离屏障（如界沟、围墙、栅栏或浓密的乔木、灌木混合林）。此外，病鸡或死鸡的粪便、污水等也要严格控制、妥善处理，

防止疾病蔓延和污染环境。隔离区与场区外有专用大门和道路
相通。

第二节　蛋鸡舍建筑设计

一、设计原则

鸡舍设计与建造，不仅关系到鸡舍的安全和使用年限，而且对
蛋鸡生产潜力的发挥、舍内小气候状况、鸡场工程投资等具有重要
影响。进行鸡舍设计与建造时，必须遵循以下原则：

1. 满足建筑功能要求　建筑物有一些独特的性质和功能。要
求这些建筑物既具有一般房屋的功能又有适合蛋鸡饲养的特点，鸡
舍需要满足鸡群对小气候的要求，不同生产阶段的鸡群对环境温
度、湿度、光照、通风与空气洁净程度的要求不尽相同，鸡舍结构
设计需要满足环控要求。同时因场内饲养密度大，需要有兽医卫生
及防疫设施和完善的防疫制度；因有大量的废弃物产生，场内必须
具备完善的粪尿处理系统；还必须有完善的供料贮料系统和供水系
统。因此，蛋鸡场的设计、施工只有在畜牧兽医专业技术人员参与
下，才能使蛋鸡场的生产工艺和建筑设计符合生产的要求，才能保
证设计的科学性。

2. 符合生产工艺要求　规模化蛋鸡场通常按照流水式生产工
艺流程，进行高效率、高密度、高品质生产，鸡舍建筑设计应符合
蛋鸡生产工艺要求，便于生产操作及提高劳动生产率，利于集约化
经营与管理，满足机械化、自动化所需条件等。

鸡舍设计要适合预定生产工艺的需要，必须与生产设备相配套，如笼养鸡舍的长度、宽度应与鸡笼数量及安置相配套，便于蛋鸡的科学饲养管理。还应充分考虑建筑空间和安装机械设备的操作方便性，利于集约化经营与管理。

3. 符合防疫要求　通过合理修建鸡舍，为蛋鸡创造适宜环境，将会防止或减少疫病的发生。此外，修建鸡舍时还应注意卫生要求，以利于兽医防疫制度的执行。例如，确定鸡舍的朝向，安装消毒设施，合理安置污物处理设施等。

4. 经济实用　在鸡舍设计和建造过程中，应进行周密的计划和核算，根据当地的经济条件和气候条件，因地制宜、就地取材，尽量做到节省劳动力、节约建筑材料，减少投资。在满足先进的生产工艺前提下，尽可能做到经济实用。

二、蛋鸡舍建筑形式

现代养鸡生产中，蛋鸡舍多采用密闭式鸡舍。密闭式鸡舍又称无窗鸡舍。鸡舍四壁无窗（除应急窗外），隔绝自然光源，完全用人工光照和机械通风。密闭式鸡舍屋顶和四壁隔温良好，具有较好的保温隔热能力，可以消除或减少严寒酷暑、狂风、暴雨等不利的自然因素对鸡群的影响，能够人为地控制鸡的性成熟日龄，为鸡群提供较为适宜的生活、生产环境；鸡舍四周密闭良好，基本上可杜绝由自然媒介传染疾病的途径；可人为控制光照，有利于控制鸡的性成熟和刺激产蛋，也便于对鸡群实行限制饲喂、强制换羽等措施。但这种鸡舍对电的依赖性极强，为耗能型、高投资的鸡舍建筑。若饲养管理得当则产品产量高、质量好、产量均衡，不受或少受外界环境因素的影响。因此，选用封闭式鸡舍的养鸡场，除考虑当地的供电条件外，还应考虑鸡场的饲养管理水平，若饲养管理水平不配套，则耗能多而产出相对少，经济效益不佳。由于密闭式鸡舍具有防寒容易防暑难的特点，故密闭式鸡舍一般适用于我国北方寒冷地区。但在中原地区甚至南方地区采用密闭式鸡舍也有不少成功的案例。进行密闭式蛋鸡舍设计时，主要考虑冬季保湿防寒，其次考虑夏季防暑。外围护结构要具有较好的保温性能，其光照容易满足，重点是通风设计。

三、蛋鸡舍建筑设计

（一）平面设计

1. 平养鸡舍平面布置　　鸡舍中的鸡群活动均在一个平面上，舍内配置的喂料系统、饮水系统、保温伞等可用悬挂式，根据蛋鸡的大小调节其高度。散养鸡舍的地面铺有垫草、沙子和锯末等，当鸡群转出清粪时，将设备挂起来做一次彻底清扫和消毒。一些网上平养的鸡舍，直接将料桶、真空饮水器等放置在网上。网上平养便于机械化操作，节省劳动力；同时鸡粪可每隔一段时间清出鸡舍，减少了鸡粪在鸡舍内发酵的时间，有利于提高鸡舍内的空气质量，降低蛋鸡呼吸道疾病的发病率；鸡与粪便不直接接触，降低了球虫病及肠道疾病的发病率，减少了抗生素用量；网上平养鸡床一般距地面 60 厘米，舍内空气流通好，对于冬、春季蛋鸡养殖更有明显优势，也更利于疾病控制。平养鸡舍的饲养密度小，需要建筑面积大，土建投资高，网上平养还增加了网具及其支架设备的投资，一般情况下用于种鸡、育雏鸡或育成鸡饲养。

根据走道与饲养区域的布置形式，平养鸡舍分无走道平养、单走道单列式平养、中走道双列式平养、双走道双列式平养、双走道四列式平养等。

（1）无走道平养鸡舍　　饲养区内无走道，利用活动隔网分成若干小区，以便控制鸡群的活动范围，提高平面利用率。鸡舍长度由饲养密度和饲养定额来确定；跨度在 6 米以内设一台喂料器，12 米左右设两台喂料器。鸡舍一端设置工作间，用于休息、更衣、饲料储存，放置喂料器传动机构、输送装置及控制台等。工作间与饲养间用墙隔开，隔墙上设观察窗，方便观察蛋鸡活动；工作间设一个小门供工作人员出入。饲养间另一端设出粪和蛋鸡转运大门。无走道平养鸡舍的主要缺点是鸡群管理时需要人进入饲养区，不如有走道鸡舍方便。

（2）单走道单列式平养鸡舍　单走道单列式平养鸡舍平面布局中多将走道设在北侧，有的南侧还设运动场。饲养员管理无须进入鸡栏，可在走道集蛋，管理操作方便，也有利于防疫。但该布置形式的走道只服务单侧饲养区，利用率较低，受饲喂宽度和集蛋操作长度限制，建筑跨度不大，主要用于种鸡饲养。由于鸡舍的蛋箱一般沿走道布置，易形成一道挡风墙，可将产蛋箱沿活动隔网垂直横放（每 4~5 只母鸡一个产蛋箱，宽 300~350 毫米，深 350~400 毫米，高 300~400 毫米）以减少影响。单走道单列式平养鸡舍的长度主要考虑供料线的要求。

（3）中走道双列式平养鸡舍　鸡舍的跨度通常较单列式大。平面布置时，将走道设在两列饲养区之间，走道为两列饲养区共用，利用率较高，比较经济。但这类鸡舍只用一台链式喂料机，存在走道和链板交叉问题，若为网上平养，必须用两套喂料设备。此外，对有窗鸡舍来说，开窗困难。

（4）双走道双列式平养鸡舍　在鸡舍南北两侧各设一走道，配置一套饲喂设备和一套清粪设备。虽然走道面积增大，但可以根据需要开窗，窗户与饲养区有走道隔开，有利于防寒和防暑。

2. 笼养鸡舍平面布置　笼养虽然增加了笼具等设备投资，但其饲养密度大，可充分利用鸡舍空间，土建投资相对较低；而且鸡群相对集中，饲养管理方便，蛋鸡很少接触粪便，减少了疫病感染的机会，各种鸡群都适宜用。

　　笼养鸡舍的鸡笼配置有多种形式。平置式的饲养密度（9～10只/米^2）较低，建筑利用率不高。全阶梯式鸡笼因其笼架横向宽度大而影响建筑跨度，半阶梯式和复合式鸡笼笼架的横向宽度相对小些，且可丰富平面布置形式，饲养密度也有所增加。叠层笼养鸡舍（图1-3）的饲养密度和生产效能均较高，需配置较复杂的清粪、喂料、机械系统，对通风和光照进行特别设计。根据笼架配置和排列方式上的差异，笼养鸡舍的平面布置分为无走道式和有走道式两大类。

图1-3　叠层笼养鸡舍

　　（1）无走道式　一般用于平置笼养鸡舍，把鸡笼分布在同一个平面上，两个鸡笼相对布置成一列，合用一条食槽、水槽和集蛋带。通过纵向和横向水平集蛋机定时集蛋，由笼架上的行车喂料、观察和捉鸡等。这种布置方式比其他形式节省了走道面积和一些水槽、食槽，但增加了行车等机械设备，对机械和电力依赖较大。其优点是鸡舍面积利用充分，鸡群环境条件差异不大。

（2）有走道式　有走道布置时，鸡笼悬挂在支撑屋架的立柱上，并布置在同一平面上，笼间设走道作为机械喂料、人工拣蛋通道。二列三走道仅布置两列鸡笼架，靠两侧纵墙和中间共设三个走道，适用于阶梯式、叠层式和混合式笼养，虽然走道面积增大，但使用和管理方便，鸡群直接受外界环境影响较少，有利于鸡群生长发育。三列二走道一般在中间布置三阶梯或二阶梯全笼架，靠两侧纵墙布置阶梯式半笼架，由于半笼架几乎紧靠外纵墙，因此外侧鸡群受外界条件影响较大，也不利于通风。三列四走道布置三列鸡笼架，设四条走道，是较为常用的布置方式，建筑跨度适中。此外，还有四列五走道等形式。

3. 平面尺寸确定　平面尺寸主要是指鸡舍跨度和长度，与鸡舍所需的建筑面积有关。进行生产工艺设计时，应根据饲养密度和饲养定额确定饲养区面积，依据选择的喂料设备承载的鸡只数量及设备布置要求确定饲养区宽度和长度。

（1）鸡舍跨度确定

平养鸡舍的跨度≈n 个饲养区宽度＋m 个走道宽度

蛋鸡平养的机械喂料系统根据布置分单链和双链，饲养区宽度在 5 米左右选用单链，宽度在 10 米左右则用双链；种鸡平养因饲养密度低，饲养区宽度一般在 10 米左右，常采用单链。平养时的走道宽度取 0.6～1.0 米，具体取值根据工艺设计中的饲喂、集蛋方式与设备选型来确定。

笼养鸡舍的跨度≈n 个鸡笼架宽度＋m 个走道宽度

开敞式鸡舍采用横向自然通风，跨度在 6 米左右通风效果较好，不宜超过 9 米。生产中，三层全阶梯蛋鸡笼架的横向宽度在 2.1～2.2 米之间，走道净距一般不小于 0.6 米。若鸡舍跨度 9 米，一般可布置三列四走道；若跨度 12 米，则可布置四列五走道；若跨度 15 米，则可布置五列六走道。鸡舍的跨度还需要根据建筑结构类型、维护墙体厚度和建筑参数来综合确定。

（2）鸡舍长度确定　根据所选择笼具容纳鸡的数量，结合笼具尺寸，再适当考虑设备、工作空间等因素后确定笼养鸡舍的长度。以一个 10 万只蛋鸡的鸡场为例，根据工艺设计，单栋蛋鸡舍饲养量为 0.88 万只/批，采用 9LTZ 型三层全阶梯中型鸡笼，单元鸡笼长度 2 078 毫米，共饲养 96 只蛋鸡，三列四走道布置形式，则所需鸡笼单元数＝饲养量/单元饲养量＝8 800/96＝92（个），采用三列布置，实际取 93 组；每列单元数＝93/3＝31（个），鸡笼安装长度＝单元鸡笼长度×每列单元数＝2 078×31＝64 418（毫米）＝64.418（米）。鸡舍的净长还需要加上设备安装和两端走道长度，包括：工作间开间（取 3.6 米），鸡笼头架尺寸 1.01 米，头架过渡食槽长度 0.27 米，尾架尺寸 0.5 米，尾架过渡食槽长度 0.195 米，两端走道各取 1.5 米。则鸡舍净长度：

$$L_0 = 64.418 + 3.6 + 1.01 + 0.27 + 0.5 +$$
$$0.195 + 2 \times 1.5 = 73.0 (米)$$

国内外的喂料系统一般允许鸡舍长度达到 150 米。根据我国的情况，长度为 50～100 米较为适宜。设计时应参考具体的设备参数说明。

（二）剖面设计

鸡舍剖面是以饲养管理方式、设备、环境要求及自然条件为依据设计的。

1. 剖面形式　单坡式鸡舍适用于小规模饲养，常用于带运动场的鸡舍，能避风雨、防严寒。单坡式跨度一般不大于 6 米。

双坡式鸡舍跨度为 6～15 米，分双坡通风管式和双坡气楼式。双坡通风管式的有窗鸡舍，通风管作为自然通风主要的排风口；密闭式鸡舍，风管作为机械通风主要的进风口。双坡气楼式鸡舍有一侧气楼和双侧气楼（钟楼），气楼开敞部分应装铁丝网、塑料尼龙等材料作为窗帘，既透光又保温，还可根据外界气候条件卷起或放下。

2. 剖面尺寸　鸡舍高度大小不仅影响土建投资，而且影响舍内小气候调节。一般剖面的高跨比取 1：（4～5），炎热地区及采用自然通风的鸡舍跨度要求大些，寒冷地区和采用机械通风系统的鸡舍要求小些。

地面平养鸡舍的高度以不影响饲养管理人员的通行和操作为基础，同时考虑鸡舍的通风方式和保温等要求。通常，开敞式高度取 2.4～2.8 米，密闭式取 1.9～2.4 米。网上平养鸡舍的高度取值为：开敞式鸡舍 3.1～3.5 米，密闭式鸡舍 2.6～3.2 米。

笼养鸡舍的剖面尺寸决定因素主要有设备高度、清粪方式以及环境要求等。设备高度主要取决于鸡笼架高度、喂料器类型和拣蛋方式；清粪方式有高床、中床和低床 3 种。

四、蛋鸡舍结构要求

1. 基础和地基　基础是鸡舍地面以下承受鸡舍的各种负载，并将其传递给地基的构件。基础应具备坚固、耐久、防潮、防震、抗冻和抗机械作用能力。在北方通常用矿石作为基础，埋在冻土层以下，埋深厚度不小于 50 厘米，防潮层应设在地面以下 60 毫米处。

地基是基础下面承受负载的土层，有天然地基、人工地基之分。天然地基的土层应具备一定的厚度和足够的承重能力，沙砾、碎石及不易受地下水冲刷的沙质土层是良好的天然地基。

2. 地面　舍内地面一般要高出舍外地面 30 厘米，潮湿或地下水位高的地区应在 50 厘米以上。表面坚固无缝隙，多采用混凝土铺平，虽造价较高，但便于清洗消毒，还能防潮保持鸡舍干燥。

3. 墙体　墙是基础以上露出地面将鸡舍与外部隔开的外围结构，墙体对鸡舍的保温与隔热起着重要作用。应采用坚固耐用、防潮、经济实用的结构材料，市面一般多采用土、砖和石等材料。用新型建筑材料如金属铝板、彩钢板和隔热材料等建造的鸡舍，不仅外形美观，性能好，而且造价也不比传统的砖瓦结构建筑高太多，是大型规模化鸡场建筑的发展方向。

墙要坚固保暖。北方墙厚一般为24～37厘米。墙壁根据经济条件决定用料，全部砖混结构或土木结构均可，无论哪种结构都要坚固耐用。潮湿和多雨地区可采用墙基和边角用石头，砖砌一定高度，上边为轻质墙体材料。

墙体分承重墙和非承重墙，前者除了需要满足构造外，还需要满足结构设计要求，后者只需要满足构造要求。墙体的结构设计包括建筑材料选择、保温与隔热层厚度、防结露和墙体保护措施。

新建的鸡舍应该优先选用新型砌体和复合保温板。特别是我国鸡舍建设应该采用装配式标准化鸡舍，结构构件采用轻型钢结构，维护部分采用新型复合保温板，这样可以加快鸡舍建造速度，也可以降低造价。

鸡舍内的空气相对湿度很大，特别是在封闭式鸡舍，冬季需要特别重视鸡舍墙体的防结露。防结露措施主要由建筑热工来计算保温层厚度，确保冬季墙体和屋面等非透明部分的内表面温度不低于允许值，结构设计主要解决一些局部的冷桥等问题，墙体保护措施主要指墙体防潮层、面层和墙裙的措施。鸡舍内表面（墙体、屋顶或吊顶）经常处于潮湿的环境当中，也经常需要消毒，因此应该采用水泥砂浆抹面或者贴面砖等进行防潮；墙体应该做1.2～1.5米的墙裙进行保护。

4. 屋顶　屋顶具有防雨水和保温隔热的作用。要求选用隔热保温性好的材料，并有一定厚度，结构简单，经久耐用，防雨，防火，便于清扫消毒。其材料有陶瓦、石棉瓦、木板、塑料薄膜、稻（麦）草、油毡等，也可采用彩色压型钢板和聚苯乙烯夹心板等新型材料。

小跨度鸡舍为单坡式，一般鸡舍常用双坡式、拱形或三角形顶。由于近年来机械通风的利用，钟楼式、天窗式屋顶应用较少。在气温高、雨量大的地区，屋顶坡度要大一些，两侧加长房檐。屋顶最好设顶棚，三角形顶可用轻钢或钢混结构建成。

5. 顶棚　顶棚又名天棚、天花板，主要用来增加房屋屋顶的保暖隔热性能，同时还能使坡屋顶内部平整、清洁、美观。吊顶所用的材料有很多种类，如板条抹灰吊顶、纤维板吊顶、石膏板吊顶、铝合金板吊顶等。鸡舍内的吊顶应采用耐水材料制作，以便清洗消毒。天棚材料要求导热性小、不透水、不透气，本身结构要求简单、轻便、坚固耐久和利于防火；表面要求平滑，保持清洁，最好刷成白色，以增加舍内光照。

顶棚的结构一般是将龙骨架固定在屋架或檩条上，然后在龙骨架上铺钉板材。不论在寒冷的北方或炎热的南方，天棚上铺设足够厚度的保温层（或隔热层），是提高天棚保温隔热性能的关键，而结构密闭（不透水、不透气）则是提高保温性能的重要保证。

6. 生物防控建筑设计　防鼠道是指在鸡舍建筑物外围铺设一圈石子路，以防止鼠等动物进入。规模鸡场各类鸡舍外均需设计防鼠道（图1-4），除生产性建筑外，料库等辅助生产建筑外也需设计防鼠道。防鼠道通常选用小滑石或碎石作为铺设的主要材料，一般要求防鼠道宽30～40厘米，厚20～30厘米。铺设的防鼠道可以防止裸漏的土壤被鼠打洞营巢，同时有利于检查鼠情。可根据实际情况在防鼠道上布置捕鼠夹和毒饵。

鸡舍周可通过安装纱网防止蚊蝇进入舍内，通常在窗户、门以及各种通道外侧安装纱网，纱网孔径大小40目较为合适。

图1-4 防鼠道设计

鸡舍进风窗外侧安装防鸟网（图1-5），防止使用侧窗通风时鸟类进入鸡舍；使用外侧具有百叶窗的风机，保证在风机关闭时鸟类进入鸡舍。同时可在鸡舍四周安装驱鸟器，以避免鸟靠近鸡舍。

图1-5 侧窗防鸟网

第三节 蛋鸡福利化养殖模式

蛋鸡养殖模式是在蛋鸡场建设前需要根据养殖工艺、养殖规模和养殖设备确定的规范化养殖方式，目前我国规模化蛋鸡场养

殖模式可分为传统（笼养）模式和福利化养殖模式。现代蛋鸡品
种产蛋性能高但自身抵抗环境应激能力较低。传统笼养模式下蛋
鸡生存空间有限且环境应激大，自然行为表达缺乏，易造成蛋鸡
健康和畜禽产品安全问题。近年来随着社会对于食品安全的关注
和福利养殖理念的全球推广，蛋鸡养殖模式逐渐发展出舍内散养
系统和舍外自由散养系统等福利化养殖模式，作为传统笼养系统
的替代系统。相对于传统笼养系统而言，福利化养殖模式不仅使
蛋鸡拥有更多活动空间，而且提供了表达自然行为的一些福利化
设施。蛋鸡福利养殖模式按照群体大小、运动空间和环境复杂
度，可分为装配型鸡笼笼养系统、舍内散养系统和舍外自由散养
系统。

一、福利养殖工艺模式及其配套设施

1. 装配型鸡笼笼养系统　装配型鸡笼也称富集型鸡笼，是传
统笼具和福利设施结合的一种福利化鸡笼。虽然仍属于笼养系统，
但其中包括与散养条件下类似的产蛋箱、栖杆、沙浴槽等福利设
施。装配型笼具为鸡提供更大、更丰富的活动空间，传统笼养要求
最低地面面积为550厘米^2/只，而装配型鸡笼按照规定必须为鸡提
供750厘米^2/只以上的地面面积，笼中装配产蛋区、栖息区和刨食
区等生活区。

2. 舍内散养系统

（1）单层散养系统　单层散养系统（图1-6）又称平养系统，
指在舍内地面或架高的地面、网面上铺设垫料，将鸡饲养于垫料之
上的养殖模式。将鸡舍地面全部或部分设置为垫料地面，另一部分
为漏粪地板，漏粪地板底部设有积粪池。漏粪地板之上布置料线和
水线，与垫料分开以避免污染、湿润垫料。

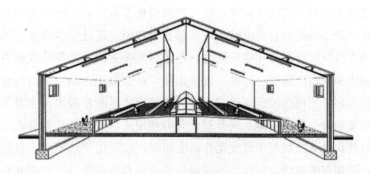

图 1-6 单层散养系统鸡舍
（引自 Lay Wel，2006）

（2）多层散养系统 指舍内采用多层采食、栖息平台的养殖模式，可分为无笼散养（图 1-7）和大笼散养（图 1-8）。多层平顶通常设有多根栖息杆，以满足鸡群居高处的习惯。有多层饲养平台，鸡可以在多层平台上吃喝。通常，每个喂料平台的下部都装有粪便输送带，以确保鸡在喂料平台上移动时粪便不会落在下层鸡体上。进料平台由金属丝网组成，一般设计有一定的坡度。产蛋时，可将蛋沿斜坡滚出，有利于蛋外集蛋，避免了散养系统人工拣蛋的麻烦。有的鸡舍在地上铺垫料，以满足觅食和沙浴的习惯。

图 1-7 无笼散养系统鸡舍实景

此外，国内结合装配型鸡笼和其他福利化养殖设施优点开发新型栖架离地立体散养系统（图 1-9、图 1-10），保留笼养鸡体与粪便分离的优势，又能给鸡提供较大的活动空间。采食区、饮水区、栖

图 1-8　大笼散养系统鸡舍实景

息区、垫料区和产蛋箱在栖架散养系统内呈立体分布，通过栖杆和鸡舍空间设计显著增加了鸡在水平方向和垂直方向的活动量。该养殖模式充分利用舍内空间，用较小的地面面积给鸡提供了较大的活动空间，降低了饲养密度。

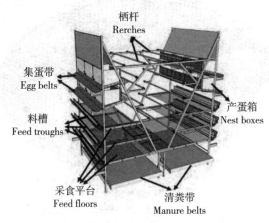

图 1-9　栖架离地立体散养系统构造
(引自杨柳等，2015)

3. 舍外自由散养系统　指蛋鸡饲养于户外的一种散养模式。常见舍外自由散养系统为农户林下散养、山地散养，虽然此模式下蛋鸡活动空间大，但舍外散养环境复杂度大、可控性差、生产效率低、管理难度大。荷兰瓦格宁根大学研究一种舍内饲养和舍外散养结合的圆盘系统福利化养殖模式（图 1-11、图 1-12），中

图 1-10　栖架离地立体散养系统实景

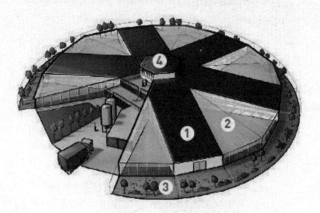

图 1-11　荷兰圆盘系统

1. 舍饲区　2. 舍外活动区　3. 放牧区　4. 中央核心区

（引自 Lauwere 和 Luttik J，2009）

央用于收集、分类鸡蛋以及检查蛋品质，围绕中央部位的外部一环由 12 个单元组成，有 2 个（屋顶开敞部位）用来存放鸡蛋、饲料、废弃物以及其他物品，其他 10 个单元用来供蛋鸡生活，每个单元能容纳 3 000 只鸡。10 个单元包括舍饲区和带透明屋顶的舍外活动区。鸡舍内部有饲喂、饮水、清粪系统，以及产蛋箱和栖杆，供鸡白天在此产蛋，夜晚在此栖息。活动区内有人工草皮，

透明屋顶既能保证鸡得到充分的阳光，又能遮风挡雨，保持人工
草皮的干燥。最外面的一环是放牧区，该区设有厚垫料和防鸟
网，墙体为铁丝网，确保足够的通风量。

图1-12　荷兰圆盘系统实景

(引自 Lauwere 和 Luttik J，2009)

二、福利化养殖模式比较

不同福利化养殖模式在提高蛋鸡福利的同时，也会带来新的
问题。如增加活动空间和环境复杂度可以提高蛋鸡表达自然行为
活动的机会，但也会不可避免地增加某些疾病的传播风险以及管
理难度等。下面从羽毛损伤和啄羽啄肛、行为活动和骨骼强度、
蛋鸡健康和疾病以及生产性能和鸡蛋品质四方面分析比较福利化
养殖模式。

1. 羽毛损伤和啄羽啄肛　主要与养殖模式中活动自由度和栖
息位置相关。舍外自由散养蛋鸡的轻度啄羽较多，羽毛损伤程度较
小；舍内平养蛋鸡的啄羽较严重，羽毛损伤程度也较大。

2. 行为活动和骨骼强度　富集型鸡笼虽然提供了一些福利设
施，但仍存在饲养空间小、鸡活动量小的问题，飞翔、奔跑、扇翅

等行为得不到满足。栖架散养系统和舍外自由散养系统能给蛋鸡提供较大的活动空间，在行为表达方面远优于传统笼养和富集型鸡笼。

3. 蛋鸡健康和疾病　富集型鸡笼保留了传统笼养小群饲养、垫料少，且鸡体与粪便分离的优点，蛋鸡死亡率最低。散养系统存在鸡的健康状况相对较差、垫料难以清理和消毒等问题，且生产中垫料的更换间隔较长，容易滋生细菌、病毒，导致鸡的患病率提高。立体栖架散养系统中无垫料，可一定程度避免以上问题。

4. 生产性能和鸡蛋品质　散养系统中鸡的活动量较大，消耗的能量较多，因而料蛋比要低于笼养系统。由于管理难度的增加，散养系统的生产效率也低于笼养系统。不同养殖模式蛋重和蛋品营养成分无差异，多层散养系统中生产的脏蛋、破蛋较多，传统单层平养系统中脏蛋、破蛋较少。

第四节　蛋鸡养殖配套设施

一、蛋鸡饲料加工和贮存设施

饲料对于蛋鸡的生产起着至关重要的作用，优质的饲料有利于蛋鸡吸收其营养，饲料的转化效率较高，同时也有利于蛋鸡的发育、产蛋。蛋鸡饲料的加工、贮存过程中，配套的建筑对蛋鸡饲料质量、安全生产的影响很大，良好的配套建筑设计有利于饲料的贮存，可提高饲料的质量。

蛋鸡饲料加工建筑与贮存设施主要包括原料库、加工车间、成品库和料塔。原料库主要用于贮存需要加工的原料，加工车间用于对原料进行相应的工艺处理，成品库用于存储加工完成的饲料，料塔用于临时存储饲料同时将饲料供给鸡舍料线。原料库和加工车间的面积和厂区饲养蛋鸡数量有关，同时需要综合是否季节性地贮存饲料、饲料的贮存周期长短、原料的采购难易程度来确定。

1. 原料库设计　建筑屋面材料一般采用镀锌彩瓦、隔热层或夹芯彩板。屋脊应设计通风天窗。屋面排水时，建议尽量避免安装内部天沟。如果有内部天沟，排水管的直径必须加大。排水管应从空中布置，避免从地下布置，以保证雨水不进入原料库，避免原料流失。

建筑墙体材料一般采用镀锌彩瓦。根据工厂的气候条件，决定是否设计隔热层。墙体也可以设计成砖墙结构。建议墙上不要设计窗户。在天窗的侧立面上安装防鸟网并安装采光瓦，以满足采光要求。

地面设计：为方便袋装饲料原料汽车进入库房内卸车，缩短原料转运距离，地面应能承载 80 吨汽车，为避免原料贮存时受潮变质，地面应做防潮设计。

大门设计：为方便原料汽车通行，库房大门应设计大些，一般大门高 5.0 米，宽 5.0 米，为了同时兼顾大门强度和轻便，原料库大门结构建议设计成上挂形式的推拉门，选用轻质材料。

2. 加工车间设计　加工车间内设备较多，车间中还伴有物料的运输，生产过程中还会排出一定的粉尘，设备的振动较大，因此在进行饲料加工车间的设计时，车间本身对建筑存在一些特殊需求。

车间内部的各个机械设备位置坐标需确定，以确保与厂房建筑图和设备安装图中的各个定位尺寸完全吻合。由于饲料加工设备的存在，加工车间需要计算局部荷载，应按设备位置分别标注荷载大小、受力方向和设备的振幅、频率、振动部分的重量。有的设备发出很强的噪声，为保护操作工人的身体健康，在需要时可以采用建筑隔音措施，如加装隔断、防噪声百叶窗等。

为了便于车间内操作和记录、充分利用自然光，加工车间采光要求：天然光照度最低值 50 勒克斯，车间内部一般照明的最低照度不低于 50 勒克斯。

3. 成品库设计　成品库结构、屋面、墙面、大门设计与原料库基本一样，成品库一般不考虑汽车进库，地面承载货可以比原料库小一些。

4. 料塔设计　料塔一般在鸡舍的一端或侧面，用 1.5 毫米厚的镀锌钢板冲压而成，其上部为圆柱形，下部为圆锥形，圆锥与水平面的夹角应大于 60°，以利于排料、喂料。通过料塔可对饲料进行集中和低温管理，以避免饲料腐烂和变质，给鸡带来疾病。同时在存放饲料时，应注意通风、防潮、防虫、避免日光照射，并在雨季尽量少喂饲料。

二、蛋鸡场进场消毒设施

（一）进出场区人员消毒

1. 人员消毒基本方法　采用物理风淋和化学消毒结合的方法，对进场人员衣物表面和裸露体表进行消毒。

（1）气流除尘　粉尘是病原微生物的载体，采用高速洁净气流去除进场人员体表粉尘，有效阻止病原体的传入。

（2）手部消毒　采用化学消毒剂冲洗进场人员手部，去除手部附着的微生物。

（3）喷雾消毒　采用雾化方式，将化学消毒剂雾化至消毒间，去除消毒间内进场人员体表和衣表附着的微生物。

（4）鞋底消毒　踩踏浸有化学消毒剂的脚垫或装有化学消毒剂的消毒池，去除鞋底附着的微生物。

人员消毒通道内，应该选择对人体衣物表面和其他物品表面具有高效杀菌作用，且对人员呼吸系统刺激性小的消毒剂，避免对人体健康产生危害。

2. 人员通道洗浴设计　人员通道洗浴设施包括浴前更衣间、淋浴间、浴后更衣间。浴前更衣间用于进场人员浴前更衣，配备储物柜，用于个人场外衣物等物品的存放。淋浴间用于进出场人员洗浴，采用淋浴方式。浴后更衣间用于进场人员浴后更衣，配备储物柜，用于个人场内衣物等物品的存放，保障场外衣物等物品不进场内，场内衣物等物品不出场内，整个洗浴通道可配备紫外灯，用于无人情况下的通道消毒。整个通道在每日使用完毕后进行卫生清洁，并清理积水，同时保障通道通风换气，做好电路防水保护。同时，应配备吹风机、护手霜、洗发水、香皂等物品。

（二）进出场区车辆消毒

1. 车辆洗消方法　车辆高压冲洗系统采用自来水进行高压喷雾，对进场车辆轮胎、底部和侧面进行冲洗，去除车辆表面附着的粉尘和结块污物，进而去除附着的微生物；车辆喷雾消毒系统采用化学消毒剂进行喷雾，对进场车辆轮胎、底部和侧面进行消毒，杀灭车辆表面的微生物。车辆清洗后消毒效果高于未清洗直接消毒效果。

2. 车辆消毒通道设计　车辆消毒通道可采用钢架结构或砖混结构，在低于0℃的气候条件下，需安装卷帘门等通道密封装置，以控制进出车辆消毒通道的开闭，避免通道内自来水和消毒液管道出现结冰的情况。车辆消毒通道尺寸需依据车辆尺寸进行设计，保障车辆通过。车辆消毒通道需依据规模蛋鸡场车辆及设备消毒需求来配置设备，包括门、水冲洗装置、喷雾消毒装置、水处理装置、消毒剂制备和存储装置、控制系统。

3. 车辆洗消案例　车辆消毒通道按开放程度可分为开放式和密闭式，按工作强度可分为人工作业式、半人工作业式和全自动化机械作业式等，按功能可分为冲洗、消毒二段式洗消中心和冲洗、消毒、烘干三段式洗消中心。以下介绍一种以微酸性电解水作为消毒剂的冲洗、消毒二段式洗消中心案例。

冲洗、消毒二段式洗消中心（图1-13）采用高压冲洗和喷雾消毒两步进行，先用自来水进行冲洗，再用微酸性电解水喷雾进行车辆消毒，针对车辆底部和轮胎等重点部位进行自动消杀，适用于大、中、小型规模化蛋鸡场机械化车辆的洗消。主要包括以下6种：

（1）电解水制备和控制间　为微酸性电解水制备、采暖设备分集水器的放置以及人员、车辆消毒通道控制系统提供安装空间。

（2）高压冲洗装置　通过喷头选型和角度设置，冲洗进场车辆底部、轮胎和侧面，去除表面污物。

（3）喷雾消毒装置　通过喷头选型和角度设置，雾化消毒剂，喷淋至进场车辆底部、轮胎和侧面，杀灭表面微生物。

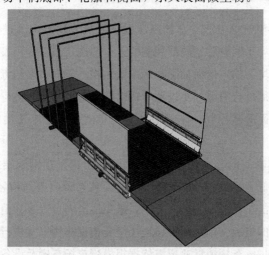

图1-13　二段式洗消中心示意

（4）固液分离装置 将车辆冲洗和喷雾消毒后的水引入沉淀池，对污水进行初步沉淀后，使用带有污水泵的干湿分离机对池底沉淀物进行处理，实现固体和液体分级排放。

（5）冬季防冻装置 采用水地暖系统，水暖管以围绕冲洗管道方式进行排布，对管道直接进行加温，防止冬季因管道结冰影响系统运行。

（6）自动控制系统 包括门外道闸及卷帘门的开关、高压冲洗装置及喷雾消毒装置的自动开关调整。

三、病死鸡处理设施

病死鸡体内存在大量病原体，若不及时进行无害化处理，则可能导致病原体的扩散造成鸡舍内疫病暴发，同时危害大气、土壤和水源环境。对于规模化蛋鸡场病死鸡处理是实现场区生物安全管理的重要环节。

（一）选址要求

一般选在地势高且处于下风向的地方，远离鸡场、动物屠宰加工厂、动物隔离场所、动物诊疗场所、动物和动物产品集贸市场、生活饮用水源地、人口集中区域和主要交通干线。

（二）建筑要求

建筑朝向需满足室内采光和自然通风；地面高室外地面30～50厘米，要求表面硬化处理，坚固无缝隙，既要便于清洗消毒，又要防止病死鸡处理时污物污染土壤和地下水。建筑应设有防雨棚或屋顶等围护结构，防止雨水进入填埋坑、发酵池或其他处理设备。此外，建筑面积应满足设备布置。

四、鸡粪处理设施

未经无害化处理的鸡粪污染空气、土壤、道路、水体等时，还可通过其携带的寄生虫虫卵和病原微生物，对相应人员、车辆、场所等造成生物污染。因此，规模化蛋鸡场鸡粪处理是实现养殖端减抗和场区生物安全管理的重要环节之一。

（一）选址要求

在养殖场下风向处和地势较低处建立，并与生产区建筑保持300米以上的卫生距离。该区域尽可能与外界隔离，四周设立隔离屏障。

（二）设施分类和建筑要求

鸡粪处理配套设施包括粪便贮存设施和粪便处理设施。粪便贮存设施指用于贮存待处理或利用的固态粪便的设施，粪便处理设施是指用于对鸡粪进行干燥或发酵处理的设施。

鸡粪贮存设施宜采用带有雨棚的∩形槽式堆粪池。地面采用混凝土结构，且向∩形槽开口方向倾斜，坡度为1％，坡底设置排污沟；污水排入贮存设施内。堆粪池墙高不宜超1.5米，采用砖混或混凝土结构、水泥抹面；墙体厚度不低于240毫米。堆粪池顶部设置雨棚，且雨棚下玄与设施地面净高不低于3.5米。

鸡粪处理设施地面应做硬化处理，应有建筑围护结构保护配套设备。此外，建筑设计应与所选处理技术配套，如鸡粪干燥处理时，建筑应满足采光通风良好的要求，便于鸡粪干燥。

第二章
蛋鸡减抗养殖场环境控制

第一节　蛋鸡舍环境控制

一、温热环境控制

1. 温度　鸡是恒温动物，正常情况下，其体温不会随外界环境温度变化而变化。但是气温过高过低，会对鸡体的热调节过程有很大影响。因此，在蛋鸡饲养过程中鸡舍温度最好保持在相对恒定的范围内，切忌出现大幅度降温或升温等变化，避免造成鸡群应激反应过大，进而出现鸡体的不适。温度骤降，容易造成鸡群患禽流感；温度过高，鸡只需要进行快速频繁的呼吸，病毒更容易进入鸡的呼吸道中，对其产生不利影响，另外，呼吸过快也会给呼吸道黏膜造成较大损伤，并且给鸡的心脏带来较大负荷。

通常，鸡只对环境温度的要求会因品种、周龄、性别、生长发育情况、生理状态和生产性能的不同而有所不同。由于雏鸡体温调节机制尚不完善，1 日龄时要求温度 33℃；随着体温调节机能的完善，羽毛逐渐丰满，采食量逐渐增加，对温度的要求逐渐降低，18 日龄后温度可降至 27℃，育雏效果最好。我国一些鸡场采用高温育雏，1 日龄时的温度为 35～36℃，对预防鸡白痢有一定效果。正常饲养条件下，产蛋鸡的适宜温度为 13～23℃，超出这一温度范围，会导致产蛋率下降、蛋重减轻、饲料消耗增加。另外，产蛋鸡要求夏季温度不超过 32℃，冬季舍温不应低于 5℃。

2. 相对湿度　相对湿度对鸡的影响往往协同温度起作用，相对湿度在不合适的情况下会引起鸡的各种疫病。鸡舍内相对湿度若是过低，会使鸡呼吸道堵塞，造成鸡只呼吸困难，而附着在粉尘上的微生物也会在鸡的呼吸道中滋生，影响其健康；相对湿度若是过高，将利于细菌、病毒滋生，对于鸡的健康成长也不利。

通常，鸡适宜的相对湿度为 60%～65%。当环境温度适宜时，40%～80% 的湿度对鸡几乎没有影响，但是冬季若相对湿度在85% 以上，会对产蛋有不良影响。

二、有害气体控制

1. NH_3　NH_3 是鸡舍内各种含氮有机物（粪便、饲料、垫料等）腐败分解的产物，具有刺激性臭味、水溶性极高等特点。当 NH_3 在空气中的浓度较高时，会刺激呼吸道黏膜和眼角膜，刺激三叉神经末梢，破坏血液的运氧功能。当 NH_3 浓度极高时，可引起组织溶解、坏死，还能引起中枢神经系统麻痹、心肌损伤等。一般要求鸡舍内 NH_3 浓度不超过 15 毫克/米^3。

2. H_2S　H_2S 主要是鸡舍内各种含硫有机物（粪便、饲料、垫料、碎蛋等）分解产生的。此外，鸡在食用大量含硫氨基酸（如胱氨酸、半胱氨酸、蛋氨酸）饲料后，且正好感染消化系统疾病时，也会产生大量的 H_2S。H_2S 易溶于水，有剧毒，与呼吸道黏膜中的碱结合形成硫化钠。硫化钠被鸡的黏膜吸收，进入血液水解，释放 H_2S。H_2S 可刺激鸡的神经系统，引起呼吸系统疾病、瞳孔收缩、心力衰竭、急性肺炎和肺水肿。长期低浓度的 H_2S 还会使鸡的体质减弱，抗病力和生产性能下降，引起呼吸中枢麻痹，导致死亡。一般要求鸡舍内 H_2S 浓度不超过 17 毫克/米^3。

3. CO_2　鸡舍中 CO_2 主要由鸡体呼出，也可由好氧菌分解粪便等有机物产生，因此，CO_2 浓度会明显增加。CO_2 在大气中的含量为 0.03%（0.02%～0.04%），其本身是无毒的，主要危害在于过高的 CO_2 浓度容易造成缺氧。长期处在缺氧环境中的鸡群精神萎靡、食欲不振、呼吸困难、生产力降低、对疾病的抵抗力降低，特别容易感染传染病。

三、鸡舍通风系统

通风换气可为鸡舍提供足够和流通的新鲜空气，保证鸡舍的空气质量良好，在维持正常鸡舍温度的前提下，排出鸡舍内多余的湿气，降低舍内温度和相对湿度，排出粉尘和有害气体（CO_2、H_2S 和 NH_3 等）。因此，鸡舍要适度通风。

控制舍内的气流可以改善环境，维护鸡体健康和提高蛋鸡生产性能。气流主要影响鸡体的对流散热。高温季节，加大气流速度可缓解高温的不良影响；而温度适宜或较低时，则会使鸡体失热增多，采食量增加，从而可能导致体重下降，产蛋减少。为保持舍内空气环境的均匀一致和通风换气的正常进行，即使在冬季也应保持一定的气流速度，以 0.1～0.2 米/秒为宜，不宜超过 0.25 米/秒。通风不良的鸡舍，空气处于相对静止状态，对羽毛生长和健康不利。夏季炎热高温时，舍内气流速度保持在 0.5 米/秒以上效果较好，纵向通风达到 1.5 米/秒左右较为理想。

四、饲养密度控制

1. 育雏育成期　鸡只可以从 1 日龄一直饲养到产蛋前（100 日

龄左右），减少转群对鸡的应激和劳动强度。通常，每平方米可饲养 25 只育成鸡。

2. 产蛋期　我国目前饲养的品种有白壳的轻型蛋鸡和褐壳的中型蛋鸡。轻型蛋鸡：平均每只鸡占笼底面积为 381 厘米^2。中型蛋鸡：平均每只鸡占笼底面积为 481 厘米^2。

五、光照控制

鸡对光的反应十分敏感，光照与其生长和生产密切相关。在不同的生长阶段，鸡所需的光照度和光照时间都有所不同。

1. 育雏期　雏鸡的生理功能不健全，视力弱，活动和觅食力差，为使雏鸡入舍后尽快熟悉环境，找到料槽和水槽位置，最初 1～7 天给予明亮光照，光照度以 30～60 勒克斯为宜，光照时长为 20～24 小时。

2. 生长期　指育雏后期和育成阶段，鸡群活动能力强，采食量增加，为控制鸡的超常生长和舍内安静，一般以 5～10 勒克斯为宜，既不影响鸡饮食，又限制过多活动，防止发生啄癖，可提高产前光照刺激的敏感性，促进鸡群及时开产。生长期应严格控制光照时间，不宜长于 12 小时。

3. 产蛋期　光照对鸡的繁殖力影响很大，应保持 16～17 小时光照时长。对光照度的要求，过去认为在 6 勒克斯以下，产蛋量会随光照度的增加而增加，超过 6 勒克斯则无影响，因此，一般密闭式鸡舍光照度控制在 10 勒克斯左右，在笼养鸡舍应注意最低层鸡笼的光照度不能小于 10 勒克斯。近几年的研究证明，适当增加光照度对产蛋较有利，可保持在 10～20 勒克斯。

第二节　蛋鸡场环境控制

养殖过程场外环境病原传入场内和鸡舍病原排放后在环境中扩散是潜在的蛋鸡健康养殖风险。

一、蛋鸡场环境病原来源

1. 场内来源　蛋鸡舍内含有包括病原在内的大量微生物，并通过舍内外通风换气排放至舍外，是主要的场内病原来源。

2. 场外来源　蛋鸡场外病原可通过人员、车辆、空气、苍蝇、蚊子、鼠、鸟类、饮水、饲料等携带至场内，是主要的场外病原来源。

二、蛋鸡场环境病原传播途径

1. 生物途径　人员、鼠、蝇、蚊、鸟类等生物媒介是主要的病原生物传播途径。

2. 非生物途径　空气、车辆、饮水、饲料等非生物媒介是主要的病原非生物传播途径。

三、蛋鸡场环境病原传播控制

1. 进场人员消毒　详见第一章第四节。

2. 进场车辆消毒　详见第一章第四节。

3. 饮水传播控制　蛋鸡场鸡只饮水应达到 NY/T 388—1999
的标准，并定期进行水质检测，确保蛋鸡饮水质量达标。场区输水
管道应定期清洁，去除内表面生物膜等污物。可采用高压水直接冲
洗或添加清洁剂洗涤，高压冲洗对隐藏在生物膜内部的微生物没有
杀灭作用，清洁剂洗涤能够有效净化生物膜但需注意控制浓度。例
如，水线添加微酸性电解水，保持饮用水初始有效氯浓度为 0.3 毫
克/升，可降低水线细菌浓度，使饮水细菌总数达到国家饮水卫生
标准，同时清洁水线管壁生物膜。

4. 饲料传播控制　饲料生产过程应避免霉变、虫害、鼠害、
苍蝇污染，严格按照蛋鸡饲料生产标准进行，保障饲料质量达标。
饲料运输过程应做到料不见天，全程密闭，不接触外界空气。饲料
加工过程进行高温 30 秒能有效杀灭细菌。熟化料、颗粒料、颗粒
破碎料等工艺均有杀菌程序。

5. 空气传播控制　蛋鸡场的场区选址应远离其他养殖场。场
区规划过程应充分利用当地主导风向，保障蛋鸡舍排放的气体扩散
至下游，而不进入其他舍。此外，还可以通过加装蛋鸡舍排气处理
装置，减少病原排放；也可加装蛋鸡舍进气处理装置，减少病原进
入舍内。基于空气总数测定的精准消毒可以有效控制病原传播。

6. 蚊、蝇、鼠、鸟传播控制　蚊、蝇、鼠、鸟类自身及其排
泄物含有大量病原，蛋鸡养殖过程应防蚊、蝇和鸟类。及时清粪并
定期杀菌消毒防止蚊、蝇滋生，鸡场周边不应有树林等可供鸟类栖
息停留的地形，或安装驱鸟装置。场内应采取灭鼠措施，并在鸡舍

四周设置防鼠道，限制鼠的活动。

第三节　鸡粪无害化处理

　　规模蛋鸡场产生大量鸡粪，如果不对鸡粪进行无害化处理，这些鸡粪相当于一个巨大的污染源，鸡粪中未消化的有机物会分解产生氨气、硫化氢等有害气体，鸡粪中的氮、磷、重金属元素及残留药物会污染水体及土壤，鸡粪中含有的大量病原微生物可能导致疾病的暴发与传播，对鸡粪进行无害化处理是保障生物安全和避免环境污染的重要手段。

一、鸡粪的主要成分与特性

　　1. 鸡粪的主要成分　由于鸡的消化道较短，食物在鸡的消化道中停留时间短，因此鸡对饲料的消化能力较差，鸡粪的营养成分含量较高。消化率仅为摄入饲料的20％，80％的摄入饲料未被消化随粪便排出体外，鸡粪除饲料中未被消化吸收的成分外，还包括体内代谢产物、消化道黏膜脱落物和分泌物、肠道微生物及其分解产物等。

　　2. 鸡粪的特性

　　（1）产量大　鸡的饲养密度高、采食量大，消化能力差、鸡粪产量高。一只成年鸡每天大约排泄粪尿100克，存栏5万只蛋鸡的标准化规模场日产鸡粪可达5吨，年可产鸡粪1 800吨左右。

　　（2）含水量高　鸡的排泄器官特殊，排泄物为粪尿混合物，含水量一般为 70%～75%（表 2-1），实际含水量随季节、饮水方式、鸡龄、室温等的不同有较大变化。

（3）利用价值高　鸡粪中含有大量的营养成分，包括粗蛋白 18.7%、脂肪 2.5%、灰分 13%、碳水化合物 11%、纤维 7%，含氮 2.34%、磷 2.32%、钾 0.83% 以及组氨酸 0.23%、蛋氨酸 0.11%、亮氨酸 0.87%、赖氨酸 0.53%、苯丙氨酸 0.46%。基于此，可对鸡粪进行多元化利用。蛋鸡鸡粪的养分浓度见表 2-1。

表 2-1　蛋鸡鸡粪的养分浓度（克/千克）

	全氮	全磷	全钾
平均值	11.27	5.02	6.58
范围	3.84～27.39	1.62～10.32	2.74～15.38
样本数	8	8	8

注：引自贾伟等，2014。

二、鸡粪造成的影响

1. 疾病传播　鸡粪容易腐败，往往含有致病微生物，微生物随空气流动传播，是引起疾病广泛流行的潜在因素，而且造成了严重的环境污染。若有人畜共患病原菌，还可危及人类健康。

2. 环境污染

（1）水体污染　若鸡粪未经处理直排进入水体，鸡粪中的有机物在水中易发生腐败分解，生成甲烷、硫化氢、氨气等污染水体，使水体发臭；鸡粪中的氮磷组分容易造成水体富营养化，使藻类物质大量生长，严重的会导致水生生态系统失衡；鸡粪中的病原微生物经水体传播容易造成传染病的暴发与流行，对水生生物和人类健康都有很大的威胁。

（2）空气污染　鸡粪对大气的污染主要是由于鸡粪中的有机物

在微生物的作用下分解造成的，鸡粪分解会产生氨气、硫化氢等有害气体，其中有的气体具有刺激性和毒性，当这些有害气体达到一定浓度时会对舍内鸡只、饲养员以及周围人群的健康产生一定程度的危害，鸡粪干燥后易产生颗粒物，使鸡的呼吸系统受损，导致疾病的发生，此外，颗粒物上的微生物随空气向周围扩散，容易导致人畜共患传染病的发生与传播。虽然鸡粪导致的大气污染物会随空气的流动扩散稀释，但是并不能从根本上去除。

（3）土壤污染　鸡粪中含有氮、磷、钾盐、钠盐以及病原微生物等，如果未经处理直接排放，其中的氮、磷、有机物一方面容易通过土壤渗入地下水中，造成地下水污染，难以进行治理，另一方面土壤中氮含量过多会影响作物产量；其中的钾盐、钠盐成分直接施用于土壤中，会导致土壤微孔减少，土壤通透性降低，破坏土壤结构进而影响作物的生长；鸡粪中的病原微生物如在土壤中繁殖，容易成为疫病的传染源。

三、鸡粪的无害化处理

对鸡粪进行无害化处理，必须要遵循安全、无害、方便存储与方便运输的原则。在符合卫生标准的前提下，对鸡粪进行干燥处理，杀虫灭菌，以避免造成二次污染，尽可能保留鸡粪中的营养物质。具体处理方法如下。

1. 干燥法　利用鸡舍尾气、太阳能、电能直接或间接利用热能干燥鸡粪，使其含水量降低至15％以下，干燥法包括鸡舍尾气干燥法、太阳能干燥法和搅拌滚筒干燥法等。

鸡舍尾气干燥法利用鸡舍换气余热干燥鸡粪。排风机将鸡舍的热空气排入通风走廊，在压力舱风机的作用下热空气进入压力舱，压力舱内的热空气经出风口进入干燥室内，干燥鸡粪。

　　太阳能干燥法一般在新鲜鸡粪内掺入米糠或麦麸，摊放在水泥地面或塑料薄膜上，太阳光照晾晒以降低含水量；也可将鸡粪铺放在塑料大棚（图2-1）中，利用搅拌机对鸡粪进行搅拌，利用风机强制通风除湿。

图 2-1　大棚干燥
（曹俊超等，2017）

　　搅拌滚筒干燥法利用炉内高温蒸汽快速蒸发鸡粪水分，同时用螺旋桨搅拌装置或滚筒自身转动搅匀粪便。

　　2. 好氧发酵法　利用发酵产生高温杀死鸡粪中的虫卵、病菌和植物种子等，包括条垛式堆肥发酵（图2-2）和槽式好氧发酵（图2-3）。

图 2-2　条垛式堆肥发酵
（曹俊超等，2017）

图 2-3　槽式堆肥发酵
（曹俊超等，2017）

条垛式堆肥发酵指将鸡粪、秸秆等和微生物制剂经搅拌充分混合，水分调节在 55%～65%，堆成宽约 2 米、高约 1.5 米的长垛，长度可根据发酵车间长度而定。采用机械翻堆时，翻堆频率每天 1 次；采用人工翻堆时，翻堆频率每 2～3 天 1 次，以使物料发酵均匀。堆肥中如发现物料过干，应及时在翻堆时喷洒水分，确保顺利发酵，如此经 30～40 天的发酵达到完全腐熟。

槽式发酵将发酵槽内的鸡粪、秸秆等和微生物制剂混合，物料水分调节至 55%～65%，安装在发酵槽内的移动翻堆机械每天翻 1 次，也可使用翻堆车，每隔 2～3 天翻堆 1 次，发酵时堆温应维持在 50℃以上，高温期堆温必须达 70℃以上，并持续 3～4 天，经过 7～20 天的主发酵，温度逐渐下降时可进入后熟发酵阶段。后熟发酵时间可为 20～30 天。

3. 厌氧发酵法　厌氧环境处理鸡粪和粪水产生沼气并加以利用，其工艺流程可分为 3 个阶段。第一阶段除去原料中的杂物和沙粒，并调节料液的浓度。如果是中温发酵，还需要对料液升温。第二阶段为料液进入沼气池进行厌氧发酵，消化掉有机物产生沼气。第三阶段从沼气池排出的消化液要经过沉淀或固液分离，以便对沼渣进行综合利用。

第三章
蛋鸡营养、饲料与饲喂技术

第一节　饲料原料的选择

　　饲料原料是指来源于动物、植物、微生物或者矿物质，用于加工制作饲料但不属于饲料添加剂的饲用物质。

一、饲料原料

　　用于蛋鸡的饲料原料主要是谷物、蛋白质饲料、油脂类饲料和矿物质饲料等。

　　1. 谷物

　　（1）玉米　玉米是蛋鸡饲料中使用量最大的原料，在蛋鸡日粮中一般占 50%～70%。玉米适口性好，容易消化，容量大，有效能值高，而且黄玉米富含叶黄素，对蛋黄、脚和喙等有良好的着色效果。但玉米蛋白质品质差、含量低，且钙磷含量低，因此饲料中必须添加蛋白质饲料和矿物质饲料。玉米在保存时要注意防止发霉，霉变的玉米其胚芽处呈蓝绿色。

　　（2）小麦及其副产物　与玉米相比，小麦的蛋白水平较高，能量略低。小麦对蛋鸡的饲用价值约为玉米的 90%。小麦作为蛋鸡饲料应注意：

　　①不宜单独使用小麦作为蛋鸡能量饲料，小麦与玉米适宜比例

一般为 1 : 2。

②不宜粉碎过细。

③为了更好的饲养效果，在小麦型鸡饲粮中需要使用阿拉伯木聚糖酶、β-葡聚糖酶复合酶制剂。

④小麦中色素少，影响鸡蛋产品着色，视市场要求可添加色素。

小麦麸属于能量价值较低的能量饲料，但质地疏松，适口性好，具有轻泻作用，可防止便秘。小麦麸是蛋鸡的优良饲料原料，可加速蛋鸡的生长发育，在蛋鸡饲料中的建议用量为5%～10%。

（3）稻谷　稻谷中粗蛋白含量为7%～8%，因含稻壳其有效能值远远低于玉米。用糙米、碎米或陈米作为蛋鸡的能量饲料，其饲养效果与玉米相当。

（4）大麦　大麦是能量中等的蛋白质原料，蛋白质含量通常在11%～12%，有的也高达14%～16%。大麦对鸡的饲用价值较低，因为：①大麦含有较多的阿拉伯木聚糖酶和β-葡聚糖酶，粗纤维含量较高，影响鸡的消化，对鸡的饲用价值较低，幼龄鸡不易消化大麦。②大麦不含色素，对产品无着色效果。

2. 蛋白质饲料　蛋白质饲料是指饲料干物质中粗蛋白含量在20%以上，粗纤维含量在18%以下的饲料，可以补充其他能量饲料中蛋白质的缺乏，组成成分平衡的日粮，包括大豆、大豆粕、棉籽粕、菜籽粕、花生粕等植物性蛋白质饲料和鱼粉、血粉、酵母粉、肉骨粉等动物性蛋白质饲料两大类。产蛋鸡饲料中普遍使用的蛋白质饲料原料主要有大豆粕、菜籽粕、棉籽粕和鱼粉等。

（1）大豆粕　大豆粕蛋白质的品质较高，粗蛋白质含量高，赖氨酸等多种氨基酸基本满足蛋鸡营养需求，但缺乏蛋氨酸，因此大量使用豆粕时饲料要注意添加蛋氨酸；大豆粕有香味，适口性好，是理想的蛋白质饲料。蛋鸡饲料中豆粕的添加量为10%～20%。

（2）菜籽粕　菜籽粕蛋白质含量为34%～38%，粗纤维含量较高，为12%～13%，由于其抗营养因子的存在及有效能值较低，菜籽粕在产蛋鸡料中不宜添加过多，一般为5%左右为宜。

（3）棉籽粕　棉籽粕粗蛋白可达41%～44%，抗营养因子主要为棉酚。由于抗营养因子及粗纤维的存在，棉籽粕在产蛋鸡料中的添加视粗纤维含量不同而有所不同，粗纤维较高蛋白水平较低者添加量为4%左右，粗纤维水平较低蛋白水平较高者添加量为6%左右。

（4）鱼粉　鱼粉是以新鲜的全鱼或鱼品加工过程中所得的鱼杂碎为原料，经或不经脱脂加工制成的洁净、干燥和粉碎的产品。其不饱和脂肪酸含量高，蛋白质含量高，氨基酸组成齐全、平衡，钙、磷含量高且比例适宜，微量元素碘、硒含量高，维生素含量丰富。但过多使用可导致鸡肉和鸡蛋产生鱼腥味，因此鱼粉在蛋鸡饲料中添加量应控制在10%以下。

3. 油脂类饲料　常规饲料难以配出高能量日粮，尤其是高能高蛋白饲料。油脂是一种高能饲料，可以促进色素和脂溶性维生素的吸收，还可以减轻蛋鸡的冷热应激。油脂主要包括动物性油脂、植物性油脂、饲料级水解油脂和粉末状油脂。

4. 矿物质饲料　矿物质饲料是指可供饲用的天然的、化学合成的或经特殊加工的无机饲料原料或矿物质元素的有机络合物原料。根据含量分为常量元素和微量元素。常量元素包括钙、磷、钠、钾、氮等。常用基础饲料中钾含量较高，不需要额外补充，其他元素含量一般不能满足需要，需要添加矿物质饲料来满足蛋鸡对钙、磷、钠和微量元素等的需求。

（1）钙源性饲料　指能给动物提供钙元素饲料的总称，常用的钙源性饲料包括石灰石粉、贝壳粉、蛋壳粉和石膏等。

（2）磷源性饲料　富含磷的矿物质饲料主要是饲料级磷酸盐，如磷酸钙类、磷酸钠类、骨粉和磷矿石等。

（3）钠源性饲料　钠是动物不可缺少的重要矿物质元素，常用的植物性饲料中钠的含量很低，一般不能满足需要，可添加氯化钠、碳酸氢钠和硫酸钠等。蛋鸡饲料氯化钠添加量一般为0.25%～0.5%，注意不能过量；碳酸氢钠不稳定，最好随拌随喂；添加硫酸钠要注意氯和钙的含量。

（4）其他矿物质饲料　矿物质饲料还包括含硫和含常量矿物质饲料；还有沸石、稀土和麦饭石等天然矿物质饲料。

二、饲料原料选择原则

1. 原料质量　饲料原料选择要注意原料质量与卫生，包括含水量、颗粒饱满度、霉变和杂质等。

2. 营养平衡　饲料原料选择应根据其营养成分特点和饲养标准要求，有针对性地补充某些营养物质，使各种养分之间相互平衡，达到高效利用的目的，如花生粕的粗蛋白质含量比较高，棉籽粕的粗蛋白质含量也不低，但这两种原料的赖氨酸含量都相对较低，与豆粕、豆饼配用或添加适量赖氨酸，就可以实现必需氨基酸之间的平衡。还要考虑饲料原料的特点，有的饲料原料含有毒害物质，如玉米能量含量较高，但粗蛋白质含量较低，必须配合蛋白质饲料原料使用；豆粕粗蛋白质含量高，能量含量也不低，过多使用则造成蛋白质资源浪费；麸皮质地疏松，尽管能量、粗蛋白质含量都不高，但具轻泻性。

3. 原料更换　选择更换原料时，需要考虑价格影响，价格相对较低的原料可以多配用一些，价格相对较高的原料则尽量少配用一些。选定原料更换种类后，应按蛋鸡营养需要量重新计算配方，必要时应针对不同营养需求适当调整投喂量，以确保在不同生产阶段获得足量的养分供应。

4. 因地制宜　根据蛋鸡生产规模，结合周边原料种类、质量、价格和运输等因素，选择采用配合饲料、浓缩饲料或预混饲料。距离饲料场近的小规模养殖场可选择配合饲料；有简单的饲料加工设备的中等规模养殖场，若周边玉米价格较低，蛋白类原料不丰富时可选择浓缩饲料；对饲料加工设备较先进、周边各种原料充足、交通便利的中等以上规模养殖场可选择预混饲料。可根据原料及推荐配方选用不同添加比例的选择浓缩饲料和预混饲料，现在市场上浓缩饲料有 25％ 和 40％ 等，预混饲料有 1％、2％ 和 5％ 等。

5. 季节性调整　蛋鸡在暑热或热应激时，可以在常规饲料中适当提高日粮中磷的含量。在炎热季节，蛋鸡饲料钙含量可提高至 3.8％～4.0％。

第二节　饲料卫生质量管控

饲料产品质量包括饲料营养质量、饲料加工质量与饲料卫生质量。饲料卫生质量主要关注饲料中有毒有害物质和微生物的含量及其对蛋鸡的危害程度（表 3-1），其直接影响鸡蛋的质量，且通过食物链间接影响消费者健康。因此，在饲料原料生产、饲料加工、贮存、运输和饲喂等环节均需对饲料卫生质量进行严格管控。

表 3-1　饲料中有害微生物和有害物质的种类

有害微生物		有害物质						其他
		生物毒素		饲料源性毒物		化学污染物		
细菌	霉菌	细菌毒素	霉菌毒素	植物性毒素	农药	有害物质	其他化学物质	
沙门菌、大肠杆菌、肉毒梭菌、葡萄球菌等	曲霉菌属、镰刀菌属、青霉菌属等	肉毒梭菌毒素、葡萄球菌肠毒素等	黄曲霉毒素、赭曲霉毒素、单端孢霉毒素、玉米赤霉烯酮等	亚硝酸盐、红细胞凝集素、游离棉酚、单宁、皂苷、生物碱、草酸等	有机氯、氨基甲酸酯、拟除虫菊酯类等	铅、砷、汞、镉、铬、锗、钼等	亚硝基类、多环芳烃类、多氯联苯类	添加剂滥用、饲料虫害等

注：引自张海棠等（2013）。

一、影响饲料卫生质量的因素

1. 饲料原料自身因素　饲料原料是影响饲料安全的根源。主要因为饲料原料受到农兽药污染和有毒有害物质污染或发霉变质，饲料本身含的有毒有害物质，如棉籽粕中的游离棉酚与环状丙烯酸类，其在饲料中的含量因饲料植物种属、生长阶段、耕作方法、加工和搭配的不同而差异很大。

2. 环境因素　饲料在生长、加工、贮存与运输等过程中，可被环境中有毒有害物质污染，如不合理使用农药、化肥的污染以及环境中的致病菌等。可见，环境因素的危害程度比饲料本身的危害程度更为严重，其中以生长期、贮存期霉菌繁殖产生毒素，以及农药、灭鼠药、重金属的污染更为突出。

3. 加工工艺因素的影响

（1）配方　饲料配方不当导致其相互产生拮抗作用。因为某些营养素之间如矿物质之间、维生素之间、矿物质与维生素之间可能存在一些作用，如钙与锌之间存在拮抗作用。

（2）混合　特别是微量元素，如硒，量小毒性大，注意防止中毒现象。

（3）温度　在饲料加工过程中，温度过高容易产生有毒物质，如鱼粉加热过度，温度180℃以上，时间超过2小时，会产生肌胃糜烂素。

（4）人为因素　饲料中过量添加某些微量元素添加剂、驱虫剂或杀毒剂等；添加高铜、高铁、砷制剂等，使用违禁药品或促生长制剂，会人为污染饲料。

二、饲料卫生质量鉴定

1. 调查饲料基本情况　通过调查饲料基本情况可确定饲料卫生质量鉴定的目标并可提供线索，有时可根据调查结果直接作出鉴定结论。调查内容因鉴定目的不同而异，调查应深入现场，搜集第一手资料，要求掌握确实的情况，不得笼统含混。

（1）鉴定饲料新产品或新工艺，应对该饲料的加工工艺过程和原料进行详细调查。

（2）饲料中毒调查，应查明中毒症状、潜伏期以及饲料加工、贮存、运输和销售过程的详细情况。

（3）饲料污染调查，应查清污染物的名称、污染物与饲料的接触程度，最好通过书面资料查清污染物的正式名称及相关情况。

2. 确定鉴定方案和检验项目　饲料卫生质量鉴定的繁杂程度差异大，有的需要系统进行，如开发饲料新资源必须包括安全性评价的所有鉴定项目。但一般情况下，只需对部分针对性项目进行鉴定。同时，也可根据需要进行标准以外其他项目的检验。在实际工作中应根据鉴定目的确定鉴定方案，明确检验项目，要有针对性，不能笼统地提出"检查有无毒性"或"分析是否可以饲用"。

3. 采样 采集的样品应对整批饲料有充分的代表性，即该样品能反映待检产品的真实情况。样品采集的正确与否，直接影响检验结果的准确性。采样应在现场调查的基础上进行，鉴定人员应尽可能亲自到现场采样。样品采集与制备应遵循国标（GBT 146691—2005）饲料采样的方法，还要遵循以下原则。

（1）饲料采样的代表性 饲料鉴定的目不同，采样的对象、范围、料型、基数、方法和采样点也不同，需考虑被鉴定饲料的不同需求，如饲料质量风险评估检测和饲料质量安全监督检测，需考虑采样地区和采样种类的分布；饲料生产企业原料进厂质量控制检测和出厂产品质量检测要考虑采样点的分布；异议处理的仲裁检测，要考虑参与各方人员的要求；不同形态的饲料，要采取不同位置、不同深度和多点逐级取样的方法等。

（2）饲料采样的真实性 样品采集过程中，采样人员应及时、准确地记录和登记，包括样品名称、采样日期、地点、生产厂家、批号、数量及采样人员等。采集的样品要能够真实反映被检群体的实际情况，采样记录要完整、准确、字迹工整、清楚，容易辨认，不得随意涂改。采样人员应使用防拆封措施封样，保证样品的真实性，客观反映产品的质量水平。

（3）饲料采样的规范性 规范性操作是保证检测结果准确的关键环节，从采样人员、采样方法、采样程序到采样工具都应严格按照要求。采样操作规范，包装容器清洁，不得含待检物质，包装密闭，以稳定水分并避免污染。采样后应尽量避免样品污染或变质。对采集的样品应妥善保存，迅速运送。对易腐败变质的饲料，采样后立即低温保存并运送。对怀疑有挥发性毒物的样品，应采取措施防止挥发逸失，如磷化物、氰化物、硫化物可加碱固定后保存运送。

4. 检验步骤和方法　检验步骤包括感官检查、有毒有害物质的定性和定量检验、简易动物毒性试验，必要时进行微生物检验。采用规定的统一检验方法。

（1）感官检查　通过感官对饲料的色、香、味、形状等进行检查。检查时应注意光照对颜色、温度对气味、感官疲劳对检查结果等的影响。

（2）有毒有害物质的定性和定量检验　通过预实验鉴定含有未知有毒有害物质的饲料，得出有毒物的成分后再进行化学确证试验。有时采用快速检验方法初步判断饲料中毒物或污染物。在此基础上，根据需要，进行必要的定量测定。

（3）简易动物毒性试验　采用简易动物毒性试验可以在较短时间内对某种疑似饲料的毒性做出初步判断，其特点是对动物的品种、数量要求不高，试验时间较短，观测指标简单，即试验方法与条件均要考虑短期紧迫性的鉴定要求。鉴定开始时开展简易动物毒性试验，可以确定可疑物质有无剧毒及毒性大小，并对毒物的类别和性质加以粗略估计，提供检验线索；在鉴定过程的后期开展简易动物毒性试验，可以弥补理化检验中可能遗漏的某些有毒有害物质。

5. 鉴定结论与饲料处理　经过上述鉴定步骤，可做出饲料卫生鉴定的最后结论，即饲料中是否存在有毒有害物质，有毒有害物质的来源、种类、性质、含量、作用和危害程度等，该饲料可否饲用，或可以饲用的具体技术条件，结论应该明确，对饲料的处理基本上可分为以下 3 种情况。

（1）正常饲料　此类符合该饲料的卫生标准，可以饲用。

（2）条件性可用饲料　此类饲料经鉴定有一定问题并对蛋鸡产品健康存在一定危害，可以用无害化处理消除危害。此类饲料根据具体情况采取限定供应对象、混掺稀释、重新加工调制、高温处理和去除毒害等措施。如饲料中某种有毒有害物质含量已达到或超过最高允许限量，加入大量正常饲料，将有毒有害物质稀释，使其浓度降低到允许含量以下。但必须考虑此种有毒有害物质是否有蓄积性，是否会产生慢性中毒，对产品品质的影响等相关问题。无害化处理后经再次采样鉴定，如证实符合正常饲料要求，即可不再限制出售。

（3）明显危害饲料　此类饲料应禁止饲用，处理方式为作为工业原料、肥料或销毁。

三、饲料卫生标准

《饲料卫生标准》（GB 13078—2017）规定了饲料原料和饲料产品中的有毒有害物质及生物的限量及检验方法。

第三节　饲料配方设计与饲料加工

一、配方设计技术

蛋鸡饲料配方系根据蛋鸡营养需要、饲料营养价值和原料现状及价格等，合理搭配各种饲料原料，为蛋鸡提供满足其需求的各种营养素，充分发挥蛋鸡生产性能，并获得数量多、品质好和成本低的产品。设计蛋鸡的饲料配方，一方面要考虑鸡的生产水平，另一方面还要考虑鸡的品种（如轻型品种、褐壳蛋品种等）及生理阶段、蛋的大小、蛋壳厚薄、环境及气候等因素。

（一）蛋鸡营养需求

蛋鸡可分为育雏期、育成期和产蛋期三个阶段，随着周龄的增长，能量浓度和蛋白质水平降低。

1. 育雏期 一般指 0～6 周龄，此时期蛋鸡需要高能高蛋白营养。设计配方时应选用粗纤维含量低、营养价值高、品质优良和容易消化的饲料。

2. 育成期 一般指 6 周龄至开产前。蛋鸡在开产前不能过肥，为了控制生长速度，饲料营养指标值相对较低：7～14 周龄，每千克饲料的代谢能水平为 11.72 兆焦，15～20 周龄为 11.30 兆焦；日粮蛋白质水平不宜过高，7～14 周龄蛋白质水平为 16％，15～20 周龄为 12％。在氨基酸平衡的条件下，蛋白质水平可降到 10％；育成鸡饲料钙的水平不宜过高，在开产前 2 周到产蛋率达到 5％时，钙的水平可以提高到 2％；产蛋量超过 5％，钙含量可提高到相应的水平。育成鸡的饲料可以选用农副产品，如糠麸类、酒糟类、粉渣类以及青绿饲料等粗纤维含量高、能值低的原料，以控制体重。

3. 产蛋期 按产蛋率高低可分为三个阶段：产蛋率小于 65％、产蛋率为 65％～80％和产蛋率大于 80％。生产中也可按二阶段制，即产蛋率大于 80％和小于 80％。

①产蛋高峰期需注意饲料搭配的稳定性和粗蛋白质含量。按照饲养标准，粗蛋白质水平应为 16.5％，如有必要可以提高到 17％以上。日粮中钙水平要达到 3.3％～3.5％，有效磷达到 0.33％～0.35％。此外，配合饲料的原料要求品质好、营养丰富，必需氨基酸、维生素、微量元素等指标可以适量提高。

②产蛋高峰期过后，日粮蛋白水平不可下降太快，并限制其饲料采食量为自由采食量的 90％～95％。钙的水平要进行适当调整，40 周龄后以及盛夏气温超过 35℃以上时，钙的水平可以由 3.3％～3.69％提高到 3.7％～3.99％，但不可超过 4％。

（二）饲料配方设计

饲料配方设计不仅要满足蛋鸡的营养需求，还需要保证鸡蛋的营养价值、风味和安全性，并最低限度减少蛋鸡养殖对环境的污染。饲料配方设计从最初单纯追求最高生产性能的全价饲料配方，已经发展为最低成本饲料配方、最佳经济效益配方和绿色环保配方等多种类型的饲料配方（表3-2）。

表3-2　饲料配方设计思路及特点

配方名称	设计思路	特点
最佳经济效益配方	追求质量，降低成本，实现养殖经济效益最大化	以饲料销售市场为依据，保证饲料养分浓度与采食量、饲料成本、生产性能间平衡，实现高养殖效益
最低成本配方	避免使用昂贵原料，实现饲料成本最低化	饲料养分浓度与采食量、饲料成本间形成较佳平衡，产品市场较差时使用，但经济效益不定
绿色环保配方	保证原料、添加剂无污染，追求环境污染最小化	严选饲料原料及添加剂，保证饲料的高利用率，养分平衡且不过量，不能保证生产性能
全价饲料配方	满足鸡最高生产性能时的各种营养需要	饲料品质高，采食量较低，鸡的生产性能最高，养殖效益较低，环境污染较大

注：引自佟建明（2015）。

1. 设计原则

（1）科学性　科学性是饲料配方设计的基本原则。各项营养指标必须建立在科学的基础上，能够满足蛋鸡在不同阶段对各种成分的需要，指标之间具备合理的比例关系，生产出的饲料适口性好且利用率高。

（2）经济性　饲料配方设计应从经济性原则出发。饲料的费用通常占生产总成本的70%～80%。因此，设计饲料配方时，要因地制宜，就地取材，充分开发当地的饲料资源，巧用饲料原料及添加剂，降低成本。

（3）安全性　禁止使用发霉、变质、酸败、含毒素等的不合格饲料原料，应脱毒使用或限制使用含有毒害物质的饲料原料。严禁使用非法添加物，尽量使用绿色饲料添加剂（如复合酶、酸化剂、益生素、寡聚糖、植物源性制剂等），提高饲料产品的内在质量，使之安全、无毒、无药残、无污染，完全符合营养指标、感官指标、卫生指标。

（4）合法性　配方设计不仅要符合饲料标准的要求，还要符合有关饲料生产的法律法规。

（5）生理性　饲料的适口性和饲料的体积必须与蛋鸡的消化生理特点相适应。饲料的适口性直接影响蛋鸡的采食量。如菜籽饼适口性较差，在日粮中单独使用，配比不能过高，否则采食量降低，若与豆饼、棉籽饼合用，不但可以提高适口性，还可以做到多种饲料的合理搭配，有利于发挥各种营养素的互补作用，提高日粮的消化率和营养价值。饲料中粗纤维的含量与能量浓度有关，也与饲料的体积有关。饲料中除了应满足蛋鸡对各种营养物质的需要外，还需注意日粮干物质含量，使之有一定的体积，既可吃得下，又可吃得饱，并能满足营养需要。

2. 设计步骤　饲料配方设计应根据饲养标准所规定的各种营养素需要量选用适当的原料及添加剂，再应用饲料成分及营养价值表，计算所设计的饲料配方是否符合饲养标准中各项营养素规定的要求。

（1）产品定位　以实际情况对产品进行定位，确定营养目标，大多数情况下蛋鸡的营养目标是生产性能，但特殊时期可能需要考虑其他目标（如鸡蛋品质）。

（2）确定营养水平　根据饲养标准确定饲料营养水平，主要考虑营养指标、饲养方式、日粮组成和环境因素等，任一条件的改变都能引起营养需要的改变，因此在特定条件下需要适当调整营养指标。

（3）选择原料　应考虑能量饲料、蛋白质饲料、矿物质饲料、维生素和微量元素添加剂，注意某些原料的限定用量。

（4）设计原始配方　确定营养水平和饲料原料后，利用各种计算方法设计出满足营养需求的原始配方。

（5）确定最终配方　严格意义讲，一个可供大规模应用的配方，都要经过试验验证。若能达到预期效果，才能确定为最终配方。

3. 设计方法

（1）手工计算法　主要包括交叉法、公式法和试差法等。手工计算法在设计过程中能考虑的因素有限，同时受运算能力的限制，不能充分利用原料的营养成分和价格信息，很难获得最低成本配方。

（2）计算机配方法　计算机配方是针对各种原料在配合饲料中的用量或比例进行决策的过程。通过规划计算，确定一定条件下配方原料的组成比例，也可以预测配方在未来环境中是否需要调整或变更。

①线性规划法（LP）：将饲料配方中的有关因素和限制条件转化为线性数学函数，求解一定约束条件下的最小值（或最大值）。利用LP方法计算出的饲料配方，可在提高蛋鸡生产效率的同时，降低生产每单位蛋鸡产品的饲料耗用量。

②目标规划法（GP）：为一种多目标规划技术，每一个目标都有一个要达到的目标值，然后使距离这些目标的偏差最小化。目标规划可分为两类：一类是加权重的目标规划（WGP），另一类是设优先级的目标规划（LGP）。

③模糊规划法（FLP）：蛋鸡饲养存在许多不定因素，不同种类、不同品种、不同生理状态、不同生产水平或不同环境下蛋鸡对各种营养物质的需求不同。许多营养指标在一定范围浮动对蛋鸡的生长并无太大的影响，即蛋鸡对营养的需求具有一定的模糊性。因此在饲料配方设计中，采用FLP法能接近蛋鸡的生长特点，更好地满足实际需要。

二、饲料加工技术

饲料加工可以改变饲料的物理结构以及化学性质，帮助饲料营养更好地被消化吸收，提升饲料的营养价值，促进养殖业得以持续健康发展。常用的饲料加工工艺包括粉碎、配料、混合、制粒和膨化等（图 3-1）。

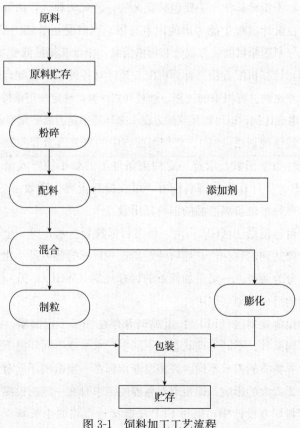

图 3-1 饲料加工工艺流程

（一）粉碎技术

1. 概念　粉碎包括切削、碾压、撞击和碾磨等，是饲料加工中必不可少的工序，耗费能量高，其动力设备一般占总动力的1/3或更多。

2. 工艺　按原料粉碎次数，分为一次粉碎工艺和二次粉碎工艺。按与配料工序的组合形式，分为先配料后粉碎工艺和先粉碎后配料工艺。

（1）一次粉碎工艺　单一原料或混合原料均经过一次粉碎即可。缺点为颗粒不均匀，电耗较高。

（2）二次粉碎工艺　有单一循环粉碎工艺、阶段粉碎工艺和组织粉碎工艺3种工艺形式。

（3）先配料后粉碎工艺　按饲料配方的设计先进行配料，再进入粉碎机进行粉碎。

（4）先粉碎后配料工艺　先将待粉料进行粉碎，分别进入配料仓后，再进行配料和混合。

3. 作用　提高饲料的饲用价值。扩大原料表面积增加蛋鸡消化酶对饲料接触的机会，进而提高蛋鸡的消化吸收率和生产性能；此外，粉碎还可以使配合组分得以混合均匀，尽可能减少饲料混合以后的自动分级，在改善饲料质量的同时提高其适口性，而且粉碎得到的较细粉粒在制粒工序中才能压制成坚实的颗粒。

4. 注意事项　粉碎工艺中的关键控制点为原料的粉碎粒度及其均匀性，其直接影响饲料的最终质地和外观的形成。应根据产品要求确定并定期检查粉碎的均匀度和粒度，此外还要注意粉碎后料的温度，因为粉碎过程产热将导致水分漂移，造成局部水分过高，使中间仓内易发霉变质。最佳粉碎粒度应根据蛋鸡消化生理特点、粉碎成本、后续加工工序和产品质量等要求来确定，产蛋期鸡饲料的粉碎粒度一般要求在4毫米左右。

（二）配料技术

1. 概念　配料是指根据饲料配方的要求，对多种饲料原料用量进行称量的过程。

2. 工艺　常用的配料工艺包括人工添加配料、容积式配料、一仓一秤配料、多仓一秤配料和多仓数秤配料等。

（1）人工添加配料　人工称量配料各组分后，倒入混合机中。采用人工计量和人工配料，工艺简单，设备投资少，产品成本低，计量灵活。

（2）容积式配料　每只配料仓下面配置一台容积式配料器。

（3）一仓一秤配料　每个配料仓各自配置一台配料秤，给料、称量和卸料各自单独完成。有利于缩短配料周期，减少配料误差。

（4）多仓一秤配料　所有饲料原料共用一台配料秤，由自动控制系统协调进料、称重、换料和卸料等过程。配料周期长，配料过程稳定性较差。

（5）多仓数秤配料　将所计量的物料按照其物理特性或称量范围分组，每组配上相应的配料秤。适用于大型饲料厂和预混料生产，缩短配料周期，增加配料精度和稳定性。

3. 作用　配料是配合饲料生产的关键环节，是实现配方目标的重要工序。

4. 注意事项　配料秤的精度、灵敏度、稳定性和不变性直接影响饲料产品质量。

（三）混合技术

1. 概念　混合是将按配方比例要求把配制好的各种饲料原料通过混合机械和配料添加设备进行混合均匀的过程。

2. 工艺

（1）预混合　即预混料的生产过程，根据配方将各种微量元素、氨基酸、维生素和非营养性添加剂等与载体和稀释剂预先混合在一起的过程。

（2）最终混合　即粉状配合饲料的混合过程，根据配方将油脂等液体原料定量加入。

3. 作用　混合是保证产品质量的关键技术之一，其使动物能采食到符合配方比例要求的各组分饲料。

4. 注意事项　混合工序是饲料加工环节的核心，也是饲料质量控制中最容易出问题的环节。饲料混合不均匀，或混合均匀的饲料在输送、贮存过程中有时会产生离析分级现象，使混合均匀度大大降低，产品的局部就会出现某种物料过量。混合工序的关键是在投料正确、没有交叉污染的前提下确保混合均匀，应根据不同饲料产品对混合均匀度变异系数的要求、混合机的性能及混合的时间进行设定，以达到预期的混合效果，不得随意缩短混合时间。应定期进行混合均匀度的测定，确保混合质量。

（四）制粒技术

1. 概念　制粒是利用机械将粉状配合饲料经调质后挤出模孔制成颗粒状饲料的过程。

2. 工艺

（1）调质　是对饲料进行水热处理，使淀粉糊化、蛋白质变性、物料软化，可提高压制颗粒的质量和效果，并改善饲料的适口性，提高利用率。充分调质有助于提高颗粒质量，减少有害微生物量。

（2）制粒　制粒采用环模或平模进行挤压制粒。当饲料配方添加超过 3％的油脂或液体活性添加剂时，可采用制粒后喷涂工艺。

（3）冷却　刚从制粒机出来的颗粒饲料，其含水量高达16％～18％，温度高达 75～90℃，容易变形破碎，也会在贮存时产生黏结和霉变现象，因此需要冷却使其含水量降至 14%以下，温度降至比常温高 3~5℃。

(4) 破损　为了节省电力，增加产量，提高质量，在颗粒料的生产过程中先将物料制成一定大小的颗粒，然后根据蛋鸡饲用时的粒度，用破碎机破碎为合格产品。

(5) 筛分　颗粒饲料经破碎工艺处理后，会产生一部分粉末未凝块等不符合要求的物料，破碎后的颗粒饲料需要筛分成颗粒整齐且大小均匀一致的产品。

3. 作用　制粒可提高蛋鸡对养分的消化率并改善饲料的营养结构。制粒过程可能破坏蛋白质的结构，提高蛋白质含量，使其与蛋鸡肠道消化酶得到更好的接触，提升消化吸收率。

4. 注意事项　制粒是饲料厂最复杂的技术，调质是制粒中最关键的工艺。由于制粒的高温具有杀菌功能，能适当减小饲料因病原菌的污染而带来的安全风险；如果调质处理时间不足，温度不够，将导致饲料中的病原菌不能彻底杀死。应根据季节或原料含水量调节蒸汽压力和蒸汽温度，以保证达到一定的调质效果，从而提高和保证颗粒的质量。

(五) 膨化技术

1. 概念　膨化技术是一种复合型的加工技术，通过使用压粒装置对原材料进行压缩，压缩到一定程度后将其送入膨化机进行摩擦、挤压与搅拌处理，使原材料变得更为均匀、细致，再通过膨化机内部的高温、高压作用形成一种膨松多孔的饲料。

2. 工艺　挤压膨化：将饲料从螺旋推进、增压和增温处理后挤出模孔，使其骤然降压膨化，制成特定膨化料的过程。

膨化配合饲料是将饲料输入膨化机的调质器中，调制至水分为25%~30%，然后进入挤压机进行挤压膨化处理的饲料。

3. 作用　膨化消除了大多数的病原微生物，提高了饲料的安全性和适口性，并有效延长饲料保质期；改善了多种常规饲用原料的营养价值，且将大量的非常规物料加工成优质的饲料；膨化后制粒，可生产不同规格、不同品质的鸡饲料。

4.注意事项　挤压膨化产品的质量取决于挤压特征、操作温度、原料水分含量、筒体内的压力、停留时间、模孔的结构形状和大小等因素。

第四章
蛋鸡种鸡标准化管理

第一节　蛋鸡祖代鸡场管理

一、总论

种鸡饲养的目的主要是培育合格雏鸡，祖代种鸡的饲养管理与蛋鸡鸡群的饲养管理不同，区别在于以育种为目的，品系多、难于管理；同时，在日常饲养管理过程中需兼顾育种及疾病净化工作。为培育合格雏鸡就要确保种鸡的鸡群健康、提供营养全面的饲料和良好的饲养环境。

（一）高产技术

1. 高产　通过对 0～18 周龄后备鸡的饲养管理，在保障鸡群健康的前提下，培育出合格的后备鸡，并在适宜的日龄范围内达到体成熟和性成熟同步，实现较高的产蛋高峰。

2. 高产阶段划分　按照蛋鸡在不同生长阶段的发育特点，结合对营养、环境等因素的不同需求和培育目标，将蛋鸡 0～18 周龄的饲养管理划分为 3 个阶段（表 4-1），在不同阶段都要满足各自不同的饲养管理要求，达到管理目标，为实现鸡群高产奠定基础。

表 4-1　高产阶段划分

阶段	育雏期	育成期	预产期
周龄	0～6	7～14	15～18

3. 实现鸡群高产的措施　通过"12345"鸡群高产管理技术实现高产（图 4-1）。

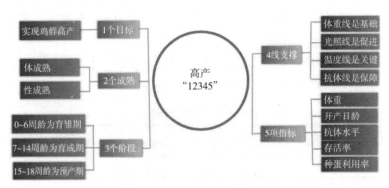

图 4-1　高产"12345"模型

（1）"1"是追求一个目标，即鸡群快速到达产蛋高峰。

（2）"2"是两个成熟同步，适时开产。体成熟是指后备鸡在体重周周达标的基础上，完成各个器官系统的生长发育，是鸡群高产的基础；性成熟是指鸡群产蛋率达 50%，标志着每只鸡都具备产蛋能力。性成熟与体成熟同步就是要求在鸡群产蛋时达到标准的开产体重。

（3）"3"是鸡群生长发育过程中的三个管理阶段。育雏期是个体体重管理期，育成期是群体体重管理期，预产期是上高峰前体重管理期。

（4）"4"是采取四线管理支撑。体重管理是基础，是鸡群生长发育、产生抗体、达到高产的基础；光照管理是促进，促进体重、骨骼发育和性成熟；温度管理是关键，适宜的温湿度和空气质量可以避免鸡群出现呼吸道等条件性疾病并继发传染性支气管炎疾病，是保证鸡体正常生长发育的关键；疾病防控是保障，"4321"疾病防控模式下产生的均匀有效抗体可以保护鸡群全程不感染烈性传染病。

（5）"5"是要达到五项指标。体重周周达标，开产日龄适宜，抗体均匀有效，存活率高，种蛋利用率高。

（二）稳产技术

1. 稳产　通过对产蛋期（19～72周龄）的饲养管理，使鸡群发挥良好的产蛋性能，即鸡群在产蛋期产蛋高峰维持时间长、下降慢，产蛋率周周达标。

2. 稳产阶段划分　按照鸡体生理变化规律，将产蛋全程划分为3个时期（表4-2）。

表4-2　稳产阶段划分

阶段	高峰前期	高峰期	高峰后期
周龄	19～27	28～55	56～72

3. 实现鸡群稳产的措施　通过"12345"鸡群稳产管理技术实现稳产（图4-2）。

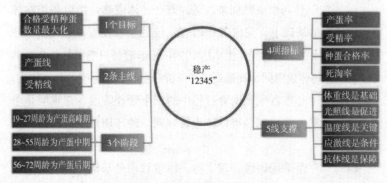

图4-2　稳产"12345"模型

（1）"1"是追求一个目标，即合格受精种蛋数量最大化。

（2）"2"是两条主线。产蛋线和受精线是种鸡饲养的两条主线。

（3）"3"是产蛋全程的三个管理阶段。19～27周龄是产蛋高峰前期，目标是实现每周体重增加 25～30 克，做好体能储备，避免体能透支，使产蛋率增速正常，高峰上得高，蛋重增速正常；28～55 周龄是产蛋高峰期，目标是维持每周体重稳定，保证鸡群体能不下降，进而维持产蛋稳定；56～72 周龄是产蛋高峰后期，目标是保持体重缓慢增长，平均每周产蛋率降幅不超标。

（4）"4"是达到四项指标，即死的鸡少、产的蛋多、受精高和种蛋合格率高。

（5）"5"是五线管理支撑。体重管理是基础，通过"菜单式"供给＋"顿饲"技术方案，满足鸡群不同产蛋阶段的体重维持需要，为实现鸡群稳产打好基础；光照管理是促进，实施合理的光照程序是鸡群维持稳产的必要条件；温度管理是关键，保持舍内温度的适宜、均匀、稳定，舍内温度变化对鸡群的采食造成影响，进而影响鸡群的产蛋；应激管理是基本条件，通过饲养管理降低鸡群应激反应，提高鸡群体质；疾病防控是保障，通过隔离、消毒、免疫、保健使鸡群产生均匀有效的抗体，保障鸡群健康稳产。

二、体重管理

体重达标是基础。通过"菜单式"供给方案＋"顿饲"饲喂技术，满足鸡群不同饲养阶段体重增长的营养需要，使身体各个系统发育正常，体重达标，体型发育良好，是鸡群健康和高产稳产的基础。

（一）目标

体重周周达标，骨架发育良好，均匀度达到85％以上。

（二）标准

体重和均匀度是衡量鸡群生长发育的重要指标，也是育雏育成期饲养管理工作的关键。因此，要根据不同品种鸡群的体重标准，定期监测体重，了解鸡的生长发育情况。

（三）体重监测

1. 称重

（1）样本选择　按照饲养量的5‰采样，随机抽样数和固定点采样数各占一半。

（2）称重时间　每个生理周龄的最后一天上午。

（3）称重方法　空腹逐只称量，在体重数值稳定不变后记录。

（4）结果评估　计算鸡群的平均体重、均匀度、合格率，与标准值对比差异，分析原因。

（5）采取措施　根据体重和均匀度情况决定采取挑鸡或分群等管理方式，改善鸡群体重生长情况。

2. 测胫长　在关注体重增长的同时，还要关注骨架生长是否正常，一般通过测量胫长来衡量骨架生长的程度。胫长是指从胫部上关节到第三、四趾间的直线距离。

测量方法：从第1周龄开始测量胫长，以后每周龄最后一天测量一次。测量时，让胫骨与股骨呈90°，如图4-3所示。

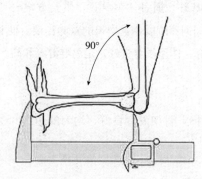

图4-3　胫长测量示意

3. 均匀度 均匀度是个体体重落在平均体重±10％以内的鸡数占整个取样数的百分比。均匀度是后备鸡培育的关键指标之一，能够很好反应鸡群生长发育的质量，直接影响鸡群产蛋高峰和高峰的持久性。鸡群 18 周龄的体重均匀度要达到 85％以上。

（四）营养

1. 育雏初期（1～14 日龄）

（1）生长发育特点 雏鸡（1～14 日龄）生长发育迅速，代谢旺盛，雏鸡第一周龄末的体重即可达到初生雏鸡重的 2 倍；雏鸡胃容积小，消化能力弱，因此，要饲喂高能、高蛋白、低纤维且易消化的饲料。

（2）饲喂方法

①雏鸡首次喂食应在初饮后 2～3 小时进行，采用料盘饲喂，随后每隔 2～3 小时饲喂一次，每次按 0.5 克/只饲喂，4 日龄开始采用料槽喂料。

②雏鸡在喂料 6 小时后的采食率应达到 90％，24 小时采食率应达到 100％。

2. 育雏期（15～42 日龄）

（1）生长发育特点 雏鸡（15～42 日龄）生长发育快，骨骼生长迅速，消化系统、免疫系统发育还不完善；由于免疫频繁，对雏鸡造成的免疫应激影响雏鸡的采食量，使鸡的体重和均匀度较难达标。因此，要为雏鸡提供营养全面且易消化吸收的日粮，同时，要及时转变饲喂方式，让鸡只适应料槽采食。

（2）饲喂方法

①每次喂料量不应超过料槽的 1/3，且每次喂料之间应增加一次匀料，保证每只鸡采食均匀和减少饲料浪费。

②每天喂料次数应不少于 5～7 次，匀料次数为 2～4 次。

3. 育成期（43～98 日龄）

（1）生长发育特点　育成期鸡的采食量与日俱增，骨骼与肌肉的生长旺盛，此阶段的培育目标是在产蛋之前有良好体型，即在骨骼生长良好的基础上实现体重达标；良好体型是维持未来正常产蛋及保证蛋壳质量的必要条件，要兼顾胫长与体重的增长。胫长短而体重大，表明鸡只过肥，为防止育成后期鸡只过肥，要调整饲料营养配方，使鸡只形成合适的胃容积。对于青年鸡来说，如果胃容积太小意味着整个消化系统发育不完善，饲料消化吸收能力将会下降，影响机体发育；反之如果胃容积太大，采食量将会增加，造成饲料消耗更大，增加养殖成本。

蛋鸡体重与骨骼的生长规律不同，体重在整个育成期都在增长，而骨骼只在前 10 周龄快速生长，一般情况下，8 周龄的骨骼已完成生长发育的 85%～90%，而体重只完成 30%～35%，故 10 周龄前关注胫长生长，10 周龄后关注体重增长。

（2）饲喂方式

①喂料方式：采用顿饲方式，每天饲喂 3～5 次，每天下午空槽 1 次，使鸡群建立良好的采食习惯。

②饲喂方法：与育雏后期相同。

（3）饲料更换　在饲料更换过程中要适当过渡，减少鸡只换料应激。

①换料原则：过渡期 5～7 天，由饲料有低营养水平向高营养水平过渡时可以 5 天完成。

②换料方法：按比例逐渐过渡，第 1～2 天原饲料占总饲喂量 2/3，新饲料占 1/3，混合均匀后饲喂；第 3～4 天原饲料与新饲料各占 1/2 进行混合；第 5～7 天原饲料占总喂料量 1/3，新饲料占 2/3。

4. 预产期（99～126 日龄）　预产期的生长发育特点是青年母鸡最脆弱的时期，骨骼生长完成 95%，生殖系统开始快速发育，髓骨钙质迅速沉积，体重随之快速增长；母鸡叫声开始改变，头部颜色变化，鸡冠变大、变红。

5. 产蛋期（19 周龄至淘汰）　产蛋期饲料营养调控的核心是给鸡群提供满足其维持需要、增重需要和产蛋需要的日粮。鸡只日营养摄入量受日粮营养浓度和采食量的影响。在正常的环境温度下，饲料采食量随着产蛋率和日龄的变化而变化。按照环境温度的波动随时调整配方的可行性较差，而依据温度变化范围（<18℃、18~28℃、>28℃）进行的调整则切实可行，可按照采食量设计产蛋期 3 个不同阶段合理有效的饲喂方案。

（1）产蛋高峰前期［5％产蛋率至（尖峰＋4 周）］

①生理特点

▲产蛋率增长迅速：京粉 1 号一般于 142 日龄左右开产，22 周龄产蛋率达 90％以上，27 周龄到达产蛋尖峰；蛋重逐渐变大，储钙能力变强。

▲体重稳步增长：体重仍处于较快增长阶段。

▲采食量增长：相对于产蛋率和体重的迅速提升，采食量增长较慢。

②饲喂管理要点：此阶段应当保持适当的体重增长，为产蛋稳定做体能储备，防止体能透支。

▲做好体能储备：以不同蛋鸡品种高峰前期的营养需求标准为基础，以该阶段的采食量水平作为日粮营养水平的设定依据，因此，高峰前期日粮营养浓度应明显高于产蛋高峰期和高峰后期。

▲提高养分的消化利用率：为了确保高峰前期的产蛋性能持续发挥，在供给高浓度日粮的基础上，还应提高配方原料的消化利用率。

（2）产蛋高峰期［（尖峰＋4 周）至 85％产蛋率］

①生理特点

▲产蛋性能高：产蛋高峰期的鸡群繁殖性能旺盛，产蛋水平高，产蛋率88％以上可维持9个月。

▲易受应激：代谢强度大，容易造成应激，鸡群体重应保持稳定。

▲采食量趋于稳定：采食量相对产蛋高峰前期应有所增长且趋于稳定。

②饲喂管理要点

▲延长高峰期：高峰期目的在于延长90％产蛋率的维持时间，降低死亡率，持续的高产水平需要注意营养素的补足。

▲减少应激：强化微量元素、维生素的营养以及酸碱平衡，可保证机体在持续高产的环境下减少应激，提高免疫力。

▲根据采食量调整配方：根据采食量及阶段生产性能的变化及时调整阶段配方、保证养分的消化吸收。

（3）产蛋高峰后期（85％产蛋率至淘汰）

①生理特点

▲产蛋率逐步下降：产蛋后期蛋鸡生理机能逐渐衰退，产蛋量逐步下降；但采食量增加，鸡只体脂肪易沉积。

▲蛋壳质量变差：鸡体趋于老龄化，对养分的消化吸收能力降低，若不及时调整配方则蛋壳质量下降明显。

▲蛋重变大：蛋重随日龄的增加逐渐变化，容易对鸡群造成机械性损伤，若不采取有效的调整措施则容易造成鸡只脱肛、啄肛，引起死淘增加。

②饲喂管理要点：日粮营养浓度应随产蛋进程而下降，以避免脂肪过度沉积和造成饲料成本浪费；为维持蛋壳质量，应及时调整钙磷比例；此外，由于产蛋后期蛋重过大会造成产蛋率下降速度加快，因鸡体损伤导致死淘率升高，因此要合理控制蛋重。

▲控制体重：后期体重大，维持需要是能量总需要量的主要部

分，且后期采食量较高，故此阶段的蛋能比应低于高峰期。

▲保证蛋壳质量：提高日粮的钙水平。

▲控制蛋重：粗蛋白和蛋氨酸的需要量应降低。

（五）饮水

1. 饮水管理标准

（1）饮用水水质要求 每次进鸡前，对水质进行监测 1 次，各项标准需达标。

（2）饮水设备标准（表 4-3）

表 4-3 饮水设备标准

日龄	1～3	4～12	13～28	29 日龄至淘汰
饮水设备数量	真空饮水器 24～28 只/个	真空饮水器 12～14 只/个	真空饮水器 6～7 只/个	乳头饮水器 4 只/个

2. 饮水供应管理

（1）进鸡前准备

①冲洗水线：一人在水线前端开阀门供水，另一人在水线末端开排水阀放水，待水线内完全冲洗干净后即可关闭两端阀门。

②调整水线高度：保持前后各笼的水线高度一致。

③调好水压，检查乳头：确保每个饮水乳头都能出水。

（2）日常管理

①育雏育成期要及时调整水线高度，前 2 周的乳头高度与雏鸡眼部平行，2 周后与雏鸡头顶平行。

②饲养员每天分早、中、晚 3 次检查水线的阀门开关状态和水压大小，查看饮水乳头是否有水，尤其水线后端，避免断水情况出现。

3. 饮水卫生管理

①空舍时对饮水系统彻底清洗消毒，包括除垢、消毒、冲洗。

②进鸡后，每月用对鸡群无害的消毒剂对水线进行1次日常消毒。

③饮水投药结束后，将水线冲洗干净。

④每2个月检测水源和水线前、后端的微生物含量，评估饮水卫生状况，酌情进行清洁消毒。

（六）密度

1. 密度标准　不同饲养阶段的饲养密度有所不同，不合理的密度严重影响鸡的生长发育，还增加疾病防控的难度。

2. 调控密度措施

（1）及时分群　根据鸡群日龄大小及时分群，降低饲养密度，以提高鸡的采食和活动面积，促进鸡的健康生长。

（2）分群时机与方法

①上笼时：挑出身体较软、体重偏轻、卵黄吸收不良、脐带愈合不好、精神差的鸡，减小密度并放到温度较高的位置饲养。

②分层时：将弱雏如嗉囊无料和体重小的鸡挑出，必要时全群称重。

③免疫时：可以在免疫操作的同时将瘦小、体软、挣扎无力、精神差的鸡挑出。

④转群时：将发育不达标、体重较轻的鸡挑出单独饲养。

三、温度管理

温度适宜是关键。温度的变化直接影响鸡的采食量，是影响鸡群正常生长发育、高产稳产的关键，鸡舍温度管理的目标是保持适宜、均匀、稳定。通过对鸡舍通风、供暖设备的控制，实现对鸡舍温度、湿度和空气质量的调控。

(一) 鸡舍温度标准

鸡舍适宜温度是指鸡的体感温度适宜。体感温度与气温、湿度、风速等环境因素密切相关。

温度监测

(1) 温度测量工具　建议在鸡舍使用电子数显温度计。量程：0~60℃，分辨率0.1℃，精度±0.5℃。

(2) 温度监测位置　建议鸡舍内采取多点监测温度，温度计或温度监测探头分别安放在鸡舍的不同位置。

(3) 温度监测记录　每天至少观察3次温度，分别在早上、中午和晚上记录舍内温度，了解温度变化趋势。根据外界温度的变化调节舍内温度，使之保持适宜、均匀、稳定。

(二) 温度管理措施

1. 温度管理措施　鸡舍环境温度的调控要遵循适宜、均匀、稳定的原则。温度适宜是生理上的适宜，指舍内温度与鸡的生理需求相适应；温度稳定是时间上的稳定，指舍内温度在昼夜24小时平稳变化，体感温度保持稳定，避免出现忽高忽低的剧烈波动；温度均匀是空间上的均匀，指鸡舍水平面的前、后、左、右，垂直方向的上、下位置的温度相近，各位置温度差异越小越好。

2. 育雏期温度管理　初生雏的绒毛保温能力差，随着羽毛的生长和褪换，雏鸡的体温调节机能逐渐加强，雏鸡在6~7周龄绒毛脱尽并换上育成羽后，才具备一定的保温能力。育雏期前7天温度管理要点：以保温为主，通风换气为辅。做好鸡舍的供暖，保证供暖设施的正常运行，使鸡舍和育雏区域的温度达标；做好温度监测记录，确保鸡背部高度的温度达到33~35℃；笼养育雏要确保每个小笼内的温度达到温度标准；同时，还可以依据鸡群活动状态来判定鸡舍温度是否满足鸡群生理需要。

①温度适宜时，雏鸡活泼好动，精神旺盛，叫声清脆，羽毛平整光滑，食欲良好，饮水适度，粪便多呈条状；休息时，在笼内分布均匀，头颈伸直熟睡，无异常状态或不安的叫声，鸡舍安静。

②温度过低，雏鸡扎堆，靠近热源。

③温度过高，鸡群张口喘气，远离热源，采食量减少，饮水量增加（图4-4）。

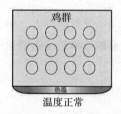
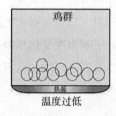
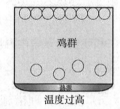

图4-4　不同温度下鸡群行为状态

3. 育成期温度管理　育成鸡舍温度随着鸡群日龄的增大而逐渐降低，过高的温度会使鸡群体质变弱，影响采食量和体重增长。因此，在饲养管理中，结合外界温度变化，要逐渐加大通风量，确保舍内温度适宜、均匀、稳定，促进鸡群体型发育正常、提高鸡群的均匀度。一般育成舍的适宜温度为18～20℃，相对湿度40%～60%。

4. 预产期与产蛋期温度管理　预产期的鸡群骨骼系统生长基本结束，生殖系统开始发育，为产蛋做准备。同时，鸡群开始第3次换羽，皮屑脱落造成舍内粉尘污染较重，应加大通风量；此时，舍内温度不宜过高，以16～20℃为宜。另外，鸡群在110日龄左右要进行转群，因此，要做好育成舍与蛋鸡舍的温度衔接，防止因温度差异较大对鸡群造成冷应激。

产蛋期鸡舍温度的变化主要受季节环境因素变化的影响。适宜产蛋的温度为 18～24℃，不低于 13℃，不高于 28℃，相对湿度 40%～60%。要根据季节转换对鸡舍目标温度进行调整，其温度管理的目的是促进鸡采食，维持体重适宜与产蛋稳定。

5. 寒冷季节蛋鸡舍温度管理措施　在寒冷季节既要做好鸡舍的保温工作，又要保证鸡舍通风换气；在满足最小呼吸量的前提下，确定目标温度；为防止冷空气大量进入鸡舍造成冷应激，应采取间歇式横向通风方式。

（1）适宜温度　鸡舍适宜温度范围为 13～16℃，最低不得低于8℃。当鸡舍温度低于13℃时，鸡只就需要采取增加产热量的化学调节法来维持热平衡。

（2）通风方式　采取横向通风模式。鸡舍通风系统的选择要根据地理位置、气候条件、鸡舍构造、存栏规模等进行统筹规划。鸡舍通风有两种方法：第一种是横向通风法，进风口设置在鸡舍侧墙上，风机安装在进风口对面墙上；第二种是屋顶通风法，排风口安装在屋顶处，进风口均匀分布在鸡舍侧墙两边；屋顶通风法经常用于寒冷天气和地区的少量通风，在外界温度较低时或育雏期间，配置以及调整侧墙和屋顶的进风口、排风口对于鸡舍的温度控制和鸡群舒适度比风扇更重要。

（3）温度控制措施　采取间歇式横向通风方式，需实现以下条件。

①通风量与鸡群需求匹配。最小通风量的设定不仅要考虑温度，还要考虑舍内湿度、鸡背高度的风速和空气中二氧化碳含量等各种因素。鸡群周龄、体重和外界温度决定了鸡群需要的最小通风量。

②风机数量与通风量匹配。根据鸡舍规格构造、饲养存栏量、外界温度、风机额定通风量计算满足最小通风量的风机开启个数及循环次数，建议 5 分钟一个循环。

③进风面积与风机数量匹配。进风口开启大小应与舍内静压相匹配，确保进入舍内的冷空气能够沿着天花板流动到鸡舍中央与舍内热空气混合，随后分散在舍内；进风小窗应对称开启，实现空气的均匀分布，减小各位置的温差。

④加热进入舍内的冷空气。通过安装导流板，控制入舍空气的流向，通过小窗开启大小控制进入空气的流量与速度；让冷空气尽量长时间地停留在屋顶区域，与舍内暖空气充分混合，最大程度地混合、加热空气；提高进入舍内空气的湿度，避免贼风出现；导流板的角度通过在鸡舍第二组笼的正上方和小窗导流板拉线确定。

⑤外界温度与鸡舍负压匹配。根据外界温度设定鸡舍目标负压，即温度低负压高，温度高负压低。

6. 炎热季节蛋鸡舍温度管理措施　产蛋鸡适宜的环境温度上限是28℃，当环境温度超过28℃时，鸡体靠物理调节热平衡的方式不能维持其热平衡；当温度32℃时，鸡群表现出强烈的热应激反应：张嘴喘息，大量饮水，采食量显著下降，甚至停食；产蛋率大幅下降，小蛋、轻蛋、破蛋显著增加。

长时间持久的热应激会造成死亡的增加，因此，在夜间维持较低的温度有助于鸡只抵抗白天的酷热。因此，夏季密闭式鸡舍要采取纵向通风与湿帘等降温方式，降低鸡的体感温度，以促进鸡只采食，降低热应激。

7. 通风方式　开放式鸡舍采取自然通风的通风方式，这种方式简单易行，成本低，受外界环境的影响大。适用于南方的养殖条件。

密闭式鸡舍采取负压机械通风的通风方式，一般有3种通风方式，即纵向通风、横向通风、混合过渡通风（图4-5）。

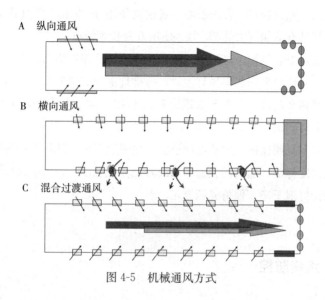

A 纵向通风

B 横向通风

C 混合过渡通风

图 4-5 机械通风方式

四、光照管理

1. 光照程序 光照不仅仅对蛋鸡的性成熟、排卵与产蛋产生较大影响，同时对鸡群的活动、采食和饮水等都具有重要作用。实际生产过程中，主要通过调整光照时间、光照强度和遮光管理，促进鸡群生长，实现体成熟与性成熟同步，使鸡群顺利达到产蛋高峰。因此，光照管理是蛋鸡生产中的一项重要管理措施，应从雏鸡阶段开始抓起。光照程序设定应遵循以下原则：

（1）育雏期（1～7 周龄） 光照时间逐渐减少。

（2）育成期及预产前期（8～16 周龄） 光照时间恒定不变。

（3）预产后期至高峰期（17～30 周龄） 光照时间逐渐增加。

（4）产蛋期 光照时间只可延长不可缩短。

2. 光照设备

（1）光源选择　舍内照明一般建议使用 3～5 瓦节能灯或 LED 灯，其具有节能（大约 75%）、使用寿命长等特点。

（2）安装位置　灯泡安装位置要合理，分布要均匀，不要出现暗区。鸡舍内需安装多排灯泡时，每排灯泡应交错分布。三层半阶梯笼养鸡舍的灯泡位置要求距地面 2.3～2.5 米，横向间距 2.5～3 米，纵向间距 3～3.5 米，要交错排列安装。

（3）光照监测　用照度计监测舍内光照强度，依据鸡群各阶段光照强度标准，通过调光器增加或降低光照强度。及时更换坏灯泡和保持灯泡干净，保持光照充足。

五、疾病防控

种鸡场对于疾病的防控，重点做好垂直传播性疾病的净化，以确保雏鸡的纯净性好，无垂直传播性疾病；做好免疫控制性疾病和环境条件性疾病的控制，环境条件性疾病的防控重点是改善饲养管理，此部分内容在体重管理、温度管理和光照管理中体现，本部分重点介绍垂直传播性疾病和免疫控制性疾病的防控。

（一）垂直传播性疾病的防控

1. 禽白血病的净化

（1）净化程序　一个世代实施 4 个时间点的检测，分别为①第 1 天采集胎粪进行 p27 抗原普检，淘汰阳性家系；②6 周龄取泄殖腔拭子进行 p27 抗原普检，淘汰阳性鸡；开产后前三枚鸡蛋蛋清进行 p27 抗原普检，淘汰阳性鸡；③继代前三枚鸡蛋蛋清进行 p27 抗原普检，淘汰阳性鸡，阴性用于留种；公鸡除在第 1 天、6 周龄和母鸡共同进行抗原普检外，分别在开产和继代对公鸡进行血浆病毒分离，淘汰阳性鸡。

（2）活疫苗外源病毒检测技术　为避免由于疫苗外源污染造成的禽白血病病毒传播，使用 PCR 法对每个批次的弱毒苗进行外源病毒检测，检测的病毒包括禽白血病病毒、禽网状内皮增生病病毒、禽呼肠孤病毒、马立克氏病病毒、鸡传染性贫血病病毒。其中一种或一种以上病毒检测阳性的疫苗均判为不合格。

（3）禽白血病水平传播的控制技术　禽白血病水平传播主要发生在孵化期间和出雏后的前两周内，控制禽白血病水平传播的关键分孵化、生产、免疫三个环节。

孵化阶段：采用小群孵化——纸袋孵化技术，采取单家系入孵和出雏，必须保证种蛋来源于禽白血病病毒检测阴性鸡群。实现了三个专用（专用孵化厅、专用孵化器、专用出雏器）和三个单一（单品系、单家系入孵、单家系出雏），实现了家系与家系不交叉、品系与品系不交叉。

生产阶段：对笼具和饲槽进行创新改造，笼与笼之间设置间隙，并添加防护板，雏鸡开食专用料槽上面带有防护隔网，通过这些措施可以避免鸡群的接触性传播，大大降低禽白血病水平传播的概率，对禽白血病的净化起着至关重要的作用。

免疫方面：为避免由于疫苗外源污染造成的禽白血病病毒传播，要对每个批次的弱毒苗进行外源病毒检测。免疫过程中要严格注意消毒，避免交叉污染。免疫使用无针头注射器，避免体液传播，相关环节注意消毒处理。

通过对这些环节关键点的改造和控制，不仅减少了禽白血病水平传播，还大大减少了其他水平传播性疾病的传播，进而减少了疾病的发生。

2. 鸡白痢沙门菌的净化

（1）总体原则　规模化种鸡场应为全封闭式鸡舍，具备鸡白痢沙门菌净化的生物安全防控条件。应持续开展鸡白痢沙门菌病原学检测、淘汰带菌鸡或鸡群；强化本场引种和投入品的检测，避免外来病原传入风险；采取严格的生物安全措施，制定完善的防疫和生产管理等制度，建立对饮水、空气、饲料、粪便、鼠、苍蝇等有效控制的生物安全防控体系，并定期进行鸡白痢沙门菌检测，评价控制效果。

（2）检测流程

①采样日龄及比例：分别在 3～8 日龄和 90～120 日龄采集种鸡肛拭子或鸡粪样本，每 10～20 只肛拭子或粪便样本混合为 1 份进行检测。曾祖代、祖代种鸡全检。

②检测方法：采集样本按照操作标准对鸡白痢沙门菌进行分离培养，或采用 PCR 法检测鸡白痢沙门菌（若出现 590 bp 条带，则判断为鸡白痢沙门菌阳性）。任一方法检测出的鸡白痢沙门菌阳性的混合样本，须再次采集该混合样本对应的每只鸡肛拭子样本，进行鸡白痢沙门菌检测。对鸡白痢沙门菌阳性鸡进行淘汰。

③种鸡群鸡白痢沙门菌感染状态监测：在饲养过程中应定期对种鸡群进行鸡白痢沙门菌监测。在开产后每隔 3 个月，按照 1% 比例采集鸡粪，采用分离培养或按照 PCR 法进行鸡白痢沙门菌检测，监测种鸡鸡白痢沙门菌净化情况。若阳性率超过 3%，则增加全群普检一次，淘汰阳性鸡。

（3）种鸡场维持鸡白痢阴性鸡群的生物安全措施

①鸡白痢阴性鸡群种鸡群生产管理。种鸡场须有独立的孵化室和出雏室，种鸡场执行全进全出制度。饲养已经净化的品系时，避免不同来源的种鸡在同一鸡场饲养而发生交叉感染。一个鸡场在同一时期应只能饲养同一批来源的种鸡。不同来源的种蛋在孵化和出雏之时应分开，避免与其他鸡群（特别是非净化鸡群）同时孵化和出壳。核心群的工作人员、物品、用具、设备等均应固定化，避免其他鸡群的病原菌进入实施净化的鸡群中。

②种鸡场日常消毒按照 DB51/T 1286 的规定进行。引进雏鸡

前对鸡舍及周边环境进行系统消毒，消毒后采集鸡舍内墙角、鸡笼、地面棉拭子样品应按照 GB 4789.4 的规定对鸡白痢沙门菌进行分离鉴定，确保鸡舍环境无鸡白痢沙门菌污染。采集鸡舍外鼠、苍蝇等样品应按照 GB 4789.4 的规定对鸡白痢沙门菌进行分离鉴定，确保鸡舍周边无鸡白痢沙门菌感染风险。运送物品车辆以及人员出入，均应严格执行入场消毒制度，同时应尽可能降低种鸡场所需物品与外界的交流。

③饮用水处理及微生物检测。鸡场饮水应（宜）进行净化处理，可采用酸化剂（酸性电解水等）进行饮水消毒，使饮水达到 NY 5027—2008 规定的要求。在鸡群饮水乳头处采集水样进行检测，每半个月检测一次。饮水取样方法应按照 GB/T 5750.2 的规定进行，对沙门菌的检测方法应按照 GB 4789.4 的规定进行，沙门菌病原检测方法同前面所述。不同企业水的净化处理方案必要时根据实际情况，通过实验确定水中无鸡白痢沙门菌污染。

④饲料处理及沙门菌检测。鸡场饲料原料或产品建议进行高温制粒，储运和饲喂过程应实现全封闭自动化。监测每批蛋白类饲料原料和饲料成品，饲料中沙门菌检测应按照 GB/T 13091—2018 的规定进行。检测不合格原料和成品不应使用。

⑤空气中细菌总数控制与检测。鸡场根据实验测定结果制定出个性化的消毒程序。应对鸡舍空气中细菌总数进行检测，取样及检测方法应按照 DB51/T 1286 的规定进行，空气中细菌数每立方米不超过 25 000 菌落形成单位为合格。

（4）种鸡场鸡白痢净化指标　采集 300 份种鸡肛拭子，或 300 份未出壳鸡胚样品，按照标准的鸡白痢沙门菌检测方法进行检测。曾祖代、祖代种鸡场鸡白痢沙门菌阳性率低于 0.5%，父母代种鸡场鸡白痢沙门菌阳性率低于 1%，且连续两年以上无临床病例，即认为达到鸡白痢净化状态。

（二）免疫控制性疾病的防控

1. 免疫控制性疾病防控的核心　传染病流行的三要素包括传染源、传播途径和易感动物，切断其中任何一个环节均不会造成传染病的流行。在我国目前的养殖环境下，消灭传染源，或者彻底切断传播途径是很难实现的。因此有效防控疾病，就必须从易感动物入手，通过人为创造条件与鸡群自身免疫力相结合，建立易感动物的保护屏障，即均匀有效抗体，均匀是指鸡群抗体比较集中，抗体均匀度在85%以上，离散度在4个滴度以内；有效是指毒株对型，并且抗体值在保护标准以上，使其变为"不易感动物"，抵御疾病的感染。

2. 鸡群均匀有效抗体产生的途径　坚持"4321疾病防控精髓"，即40%的精力做好免疫，免疫是鸡群产生均匀有效抗体的核心；30%的精力做好环境控制，环境是保证鸡群产生均匀有效抗体的基础；20%的精力做好监测，监测是检验鸡群均匀有效抗体的手段；10%的精力做好鸡群保健，体质是鸡群维持均匀有效抗体的保障。

六、输精管理

（一）种公鸡管理

1. 种公鸡挑选的标准

（1）外观　体质健壮、肌肉结实、前胸宽阔、眼睛明亮有神、灵活敏捷，叫声清亮；腿脚粗壮，脚垫结实富有弹性；羽毛丰满有光泽，无杂色，第二性征明显，鸡冠和肉髯发育良好，颜色鲜红为佳。

（2）生产性能　采精量一般在0.4~1毫升，精液黏稠，乳白色。有条件的可使用电子显微镜监测精子密度和活力进一步进行筛选，正常鸡的精子呈直线运动，无畸形。

（3）种公鸡选育关键点　第一次：1 日龄，根据生产产蛋期公母比例需要，适当淘汰弱小的公鸡；第二次：40 日龄左右，选留发育良好、鸡冠鲜红的公鸡；第三次：17～19 周龄，选留第二性征好、体格健壮、有性反射的公鸡；第四次：22 周龄左右，采精训练时淘汰无精液或精液品质差的公鸡。

2. 种公鸡训练方法

（1）训练时间　145～154 日龄间，每两天一次，一般连续训练四次直至输精。

（2）训练方法　抓鸡的速度要轻而快，用左手握住公鸡的双腿根部稍向下压，用力不可过大，公鸡躯体与抱鸡人员左臂平行，尽量使其处于自然状态；采精人员采用背部按摩法，从翅根部到尾部轻抚2～3 次要快，然后轻捏泄殖腔两侧，食指和拇指轻轻抖动按摩。

3. 种公鸡的人工采精技术要领

（1）采精前准备工作　采精前要将需要的器具进行熏蒸消毒；对集精管要做预温（冬季：36～37℃，夏季：35～36℃）处理。公鸡采精前应停食 3～4 小时。

（2）采精注意事项　采精动作要轻，以免造成精子损伤。采精过程中，要求人员配合熟练，防止彼此等待，造成采精时间延长或者采精量减少。采精时如发现混有血液或精液稀薄，应将公鸡挑出，暂停使用；如不慎将粪便、羽屑或其他污物采入，应将精液废弃。在混匀过程中，切忌用力过大。

（3）精液品质评定　要定期对精液质量包括精液密度和活力进行电镜检测，及时淘汰劣质精液品质的公鸡，以免影响到种鸡的人工授精。

（二）人工输精操作管理

1. 输精的时间　多数鸡只产前 4 小时内、产后 1 小时内输精受精率最低，绝大多数母鸡产蛋 3 小时后，或产蛋 4 小时前，受精率最高。蛋鸡产蛋时间一般集中在 6：00—10：00，因而输精时间一般在 15：00—17：00 进行。从采精到精液完全使用，即输精时间原则上不得超过 30 分钟。

2. 输精的卫生要求　为避免翻肛过程造成人为感染导致输卵管炎症发生，在每次翻肛前需用沾有消毒液的毛巾擦拭手。

用灭菌后输精管进行输精，坚持一只鸡用一个滴头，以减少鸡之间疾病的交叉感染。

3. 输精程序　输精工作要求输精员和翻肛员必须密切配合。一名输精员和一名翻肛员工作时，翻肛员用右手握住母鸡双腿，稍提起，将母鸡胸部靠在笼门口处，左手拇指和食指在腹部施以压力，使输卵管外翻。输精员吸取定量精液后将输精滴头沿输卵管开口中央垂直轻轻插入，打出精液。与此同时，翻肛员去除对腹部的压力，使输卵管自然回归体内。在拔出输精管时，滴头不可带有精液，若有精液，要重复输一次。

一名输精员和两名翻肛员工作时，输精员和一名翻肛员进行上述工作时，另一名翻肛员将鸡保定，待两人输精完成后再翻肛，切不可提早翻出使输卵管长时间暴露于环境中。

4. 注意事项　翻肛人员在操作时动作要轻、准、稳、快，不可粗暴，最大限度降低鸡只应激，防止将输卵管内的蛋挤破，造成输卵管炎或腹膜炎。

当给母鸡腹部施以压力时，一定要着力于腹部左侧，因输卵管管口在泄殖腔左侧上方，右侧为直肠开口，如着力相反，容易引起母鸡排粪。

禁止压力过大致使外翻过大，以输卵管管口刚突出泄殖腔时为好，否则易造成脱肛或啄肛。

吸取精液时，应尽量在精液水平表面吸取，避免将输精滴头插入精液深部。输精管对准输卵管开口中央轻插入，切忌将输精滴头斜插入输卵管侧壁上，否则不但不能输进精液，而且容易损伤输卵管壁。

翻肛员与输精员紧密配合，当输精滴头插入的一瞬间，翻肛员立刻解除对母鸡腹部的压力，这样可以有效地将精液全部输入；尽量减少输卵管在外界暴露的时间，同时避免精液吸出后等待翻肛人员。

注意不要输入空气或气泡，更不可带有羽屑、粪便、血液等杂物。

输精完毕后，翻鸡人员应看精液是否带出，对精液外流的鸡进行补输，同时忌推鸡腹部，防止精液外流。

第二节　蛋鸡父母代鸡场管理

一、引种管理

1. 引进品种评估

（1）资质评估

①符合畜牧兽医行政部门的审批意见。

②出入省检验检疫部门的检测报告。

③检疫证。

（2）生产性能评估

①产品生产性能高、适应性好，符合当地市场需求。

②死淘记录、生长速度及料蛋比等生产情况评估。

（3）健康度评估　病种包括高致病性禽流感、新城疫、白血病、鸡白痢、支原体感染等。

2. 育雏场准备

（1）育雏舍清洗、消毒　雏鸡到场前完成育雏场的清洗、消毒、干燥及空栏。

（2）物资准备　雏鸡到场前完成药物、器械、饲料、用具等物资的消毒及储备。

（3）人员准备　雏鸡到场前安排专人负责育雏期间的饲养管理工作，直至育雏期结束。

（4）场区评估　经微生物检查合格，允许引进和饲养雏鸡后，引进雏鸡进场。

3. 引种路线规划　蛋种鸡父母代场引种前基于路线距离、道路类型、天气、沿途城市、鸡场、屠宰场、村庄、加油站及收费站等进行调查分析，确定最佳行驶路线和备选路线。

4. 入场前评估

（1）雏鸡质量评估

①雏鸡外观形象：健康活泼，绒毛光泽，健壮有力，黑脐直径≤0.2厘米，脐外露不超过0.5厘米。

②每批次进行2％的抽查，体重在30～50克之间，均匀度≥85％，不合格率≤0.5％。

（2）转入产蛋场前评估　雏鸡质量评估合格后在育雏场全场执行30天封场管理，根据指定的免疫程序、管理方案进行饲养。

育雏结束后，对引进雏鸡做最后的体重、健康评估，病种包括高致病性禽流感、新城疫、白血病、鸡白痢、支原体感染等。

二、场区建设要求

为了便于生物安全的控制，降低疾病感染风险，满足生产需求，父母代蛋种鸡场建设时，需要注意以下几个方面。

1. 场址选择

（1）应符合本地区农牧业生产发展总体规划、土地利用发展规划、城乡建设发展规划和环境保护规划的要求。

（2）应建在地势较高、地面干燥、背风向阳、通风良好、排水良好的地方。

（3）充分考虑防疫要求，距离居民区、主干道 500 米以上；距离屠宰场、畜禽加工厂、畜禽交易市场等区域不少于 1 000 米；父母代育雏场距离其他养禽场不低于 2 000 米；父母代蛋鸡场距离其他养禽场不低于 1 000 米。

（4）以下地段或地区不得建场：水保护区、旅游区、自然保护区、环境污染严重区、畜禽疫病常发区和山谷洼地等地段。

（5）水源充足，水质达到饮用水标准。

2. 场区布局

（1）整体布局　建筑设施依次按主导风向和地势位置划分成 3 个区，分别是生活区、生产区和隔离区。生活区包括工作人员的生活设施、办公设施、生产辅助设施；生产区包括鸡舍及有关生产辅助设施；隔离区包括兽医室、隔离观察室、病死鸡无害化处理设施、粪便污水处理设施等，各个功能区相对独立，并有防疫隔离带或隔离设施。

（2）围墙设置　场区外围建有 2 米高围墙，各区之间也要建有 2 米高围墙。

（3）道路设置

①畜禽场大门应位于场区主干道与场外道路连接处。

②场区内设净道和污道，两者严格分开，不得交叉、混用。人员、饲料等进出走净道，鸡粪、垫料及废弃物运输走污道。

③生产区不设置直接通往场外的道路，生活区和隔离区应分别设置直接通往场外的道路。

④生产区内修建净道与污道分开，人员、动物和物品运输采取单一流向，防止污染源和疫病传播。

3. 消毒与隔离设施　场区应与外界相对隔离，达到切断传播途径的目的，分别从人流、物流、车流、空气流及有害生物流等方面采取相应的防护措施。

（1）人流　进出生活区，以及从生活区进入生产区、从生产区进入隔离区，均应设置相应的洗澡、消毒及更衣设施。

（2）物流　物品进入生活区、生产区均应设置相应的消毒设施及隔离场地。

（3）车流　蛋车、饲料车、鸡粪运输车均应设置相应的消毒设施及场地。

（4）空气流　场区布置原则，重点参考主导风向及地势位置，若风向和地势位置不一致时，则以风向为主。

（5）有害生物流

①防蝇：场区附属用房窗户及鸡舍所有进风口，均使用10目以上纱窗封住。

②防鼠：落实"三围两防"：围墙高度、密闭具有防鼠功能，围栏高度不低于1米，凡是有门经常开关均需配不低于60厘米高度的挡鼠板，鸡舍周围每25～30米放置鼠饵盒，舍内前后端放置捕鼠笼。

③防鸟：场区范围内不得有高于2米树木（鸟类栖息场所）、无直径大于1厘米房檐洞、地面无积水、地面无撒料。

4. 鸡舍建筑物

（1）鸡舍保温　使用新型环保隔热建筑材料。

（2）鸡舍密闭性　在板与板搭接处铺设密封胶，不固化、不流淌，长期处于胶着状态，起到永久密封的作用。

密封判定标准：门窗密闭状态，开启一台蒙特风机，鸡舍负压达到40帕以上即可。

（3）鸡舍顶板　光洁平整，利于空气流动。

（4）鸡舍内地面和墙壁　地基稳固、舍内地面要求高出舍外、防潮、平坦，便于清洗，并能耐酸、碱等消毒药液清洗消毒。墙体屋顶坚实、内壁及地面光滑，防水耐酸碱、便于消毒处理，不能存在消毒死角。

（5）防止冷桥　为避免出现冷桥，造成冷凝集，鸡舍金属件不能出现连通鸡舍内外的情况。

（6）排水　根据饲养设备的位置预设好上水和下水通道，并实现雨污分流。

5. 设备配置

（1）水帘　顶部安装雨搭，防止降雨造成鸡群冷应激。外侧安装纱窗，防止鸡毛、异物堵塞水帘。

（2）翻板及风机　预留防止保温板空间，以保证头段尾端的温度。

6. 环境保护

（1）废水处理　场内实现雨污分离，污水必须处理后方可用于灌溉。

①生活污水必须通过污水管道排进污水池，不能随意排放污染环境。

②日常打扫鸡舍产生的污水必须排进污水管道不能随意排放。

（2）除尘间　风机端安装防止舍内灰尘、鸡毛飞到其他区域。

三、现场管理要点

1. 卫生管理　主要指环境卫生管理，是养殖场最基础的管理，使用"5S"管理方法（整理、整顿、清扫、清洁、素养）确保场内无垃圾及杂物堆放。

2. 环境控制

（1）通风管理　根据不同的环控器和不同的鸡舍结构，设置适合本场的环控通风参数，通过做好鸡舍密闭、卫生清理、合理加湿，达到舍内湿度不低于 40％、鸡舍的灰尘达标，保持鸡舍环境的相对稳定，避免出现冷应激、热应激，同时控制二氧化碳浓度。实现冬季鸡舍温度不低于 18℃、整批鸡群零呼吸道疾病发生与无药物使用。

（2）温度管控

①稳定：保证温度的相对稳定，即 1 分钟之内某一特定位置温度下降不超过 1℃。

②均匀：同一栋鸡舍，前中后、左右、上下温度差不超过要求的温度，理想情况是不超过 1℃，对于双层鸡舍，不超过 2℃。

③经济：对于蛋鸡，为降低采食量、提高饲料转化率，经济的温度为 24℃左右。

（3）湿度管理

①舒适的湿度范围是 45％～65％。

②相对湿度的变化：孵化 80％→运输到鸡场 70％→育雏期60％（0～7 天）→育成期至少 40％→产蛋期至少 40％。

③增加湿度措施：安装自动雾线加湿装置，既带鸡消毒，也增加湿度；鸡舍地面、墙壁洒水，蒸发增加鸡舍湿度；出粪每次出一半，有利于稳定鸡舍的湿度；夏季水帘上水。

④降低湿度措施：适当增加通风量，排出多余湿气；检修水线乳头，防止出水量过大，防止粪带潮湿；及时出粪，减少粪带上水分蒸发。

3. 清粪

（1）鸡舍清粪周期，一般以累计采食量达到 320 克清粪一次为宜。

（2）为了保持鸡舍湿度稳定，同时使粪带干净的一面朝下层鸡群，每次清粪要求"清半栋、转整圈"。

（3）在冬季或阴雨天及其他气温低的时间，提前安排清粪工作，避免鸡舍清粪周期过长。

4. 灰尘管控　灰尘是悬浮在空气中的微粒，在鸡舍内分布较广，如图4-6所示的鸡舍气溶胶微生物趋势；灰尘会携带许多细菌、病毒到处飞扬，传播疾病。

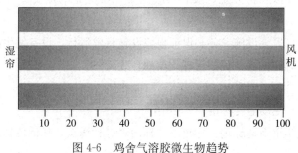

图4-6　鸡舍气溶胶微生物趋势

（1）鸡舍灰尘标准是小于3.4毫克/米^3，从手电筒照射观察漂浮的灰尘；以此来粗略判断灰尘量。

（2）鸡舍减少灰尘的措施

①地面清扫：可先洒水，再打扫，压低扫把，减少扬尘。

②笼具、墙壁灰尘：湿抹布、湿拖布擦拭，严禁扫把清扫。

③雾线降尘：目标湿度以下启动雾线加湿，降低灰尘。

④地面、笼底灰尘：地面、笼底每天冲洗消毒。

⑤外界气温高时，适当增加通风，排出灰尘。

⑥料斗增加盖板：减少打料产生的灰尘。

⑦使用吸尘器可吸附钢格板灰尘和笼具灰尘。

5. 设备保障　高度集约化、机械化的蛋鸡养殖，必需的设备保障不可或缺，设备出现故障，鸡群会出现应激。

（1）发电机　每半月一次带负荷试运行，储备不少于发电机满负荷运行24小时所需油量。

（2）风机　日常检查风机自动性、是否异响。

（3）风门　日常检查风门自动性、风门开口大小一致性、风门油丝绳有无断裂。

（4）供水设施　制定供水设备定期检查制度、制定蓄水池管理制度和断水应急措施，保障鸡群饮水、水帘上水。

（5）育雏加热设备　主动检查主加热设施和附加热设施的运行状况，确保燃料充足、设备运转正常，避免雏鸡遭受冷应激或热应激。

（6）报警设施　务必保证报警设施有效运行，设备发生故障能够第一时间报警，提醒管理人员处理故障。

6. 主动净化

（1）主动净化标准

①体重不达标鸡：体重不达标的鸡进行淘汰，降低传播疾病的风险。

②弱鸡：精神状态不佳的蔫鸡、濒死鸡，需主动淘汰，消灭传染源。

③不经济鸡：鉴别错误的假鸡，无饲养价值的残鸡如喙、爪、体型发育异常等。

（2）主动净化要求

①对于巡舍拣出的死鸡要装进垃圾袋，防止横向传播疾病，对于笼具进行消毒。

②通过课件讲解＋现场教学等方式对饲养人员进行培训，以便能够及时将不合格的鸡挑出。

③管理人员通过每日巡视鸡舍，及时发现并解决现场设备、通风等影响鸡群健康的问题，保持适宜的鸡舍环境而保障鸡群持久健康，具体巡视要求如图 4-7 所示。

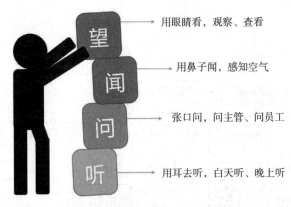

图 4-7　管理人员巡视鸡舍要求

四、疫病净化工作

父母代蛋种鸡场净化主要分为三阶段，即本底调查阶段、免疫控制（或监测净化）阶段和净化维持监测阶段。同时辅以生物安全管理、生产管理及各功能岗位管理等全方位立体管理手段，最终实现净化。

（一）主要监测病种及技术路线

1. 禽白血病

（1）检测方法　采用 ELISA、病毒分离方法，测定鸡群禽白血病病毒 p27 抗原、禽白血病病原。

（2）监测流程见图 4-8。

（3）判定标准　依据抗凝血病毒分离结果，病毒分离为阳性，判为阳性鸡群。

2. 鸡白痢　参考本章第一节。

3. 新城疫

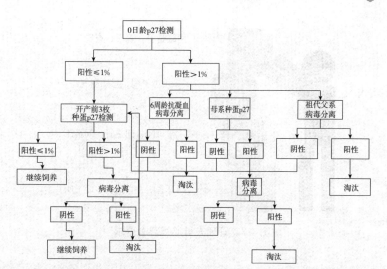

图 4-8　白血病监测流程

（1）检测方法　抗体采用血凝抑制试验（HI）。病原采用病毒分离或新城疫病毒荧光 RT-PCR 检测拭子样品，通过基因测序区分野毒和疫苗毒。

（2）监测流程见图 4-9。

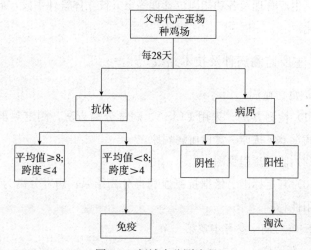

图 4-9　新城疫监测流程

4. 禽流感

（1）检测方法　抗体采用血凝抑制试验。病原采用病毒分离或禽流感病毒荧光 RT-PCR 检测拭子样品，通过基因测序区分野毒和疫苗毒。

（2）监测流程见图 4-10。

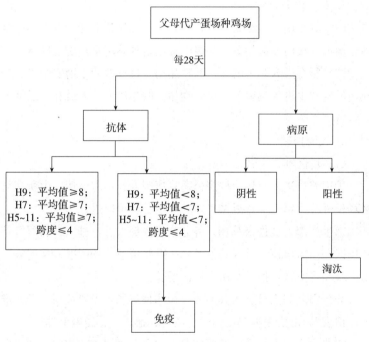

图 4-10　禽流感监测流程

（二）"123＋3456"生物安全体系建设

1. 体系建设核心思想

①在目标策划中建立：有效的生物安全隔离区，实现发病零指向目标。

②切断疾病的垂直传播和水平传播。

③消灭传染源、切断传播途径、保护易感动物，做到360°管控。

④现场管控中设立鸡舍内、生产区、生活区不同的防疫区域，根据疫情的严重程度与距离远近，确定经济有效的措施建立预警机制。

⑤通过卫生、隔离、消毒、免疫、监测、用药，管控好人流、物流、车流、生物流、空气流。

2. 鸡舍内防疫

（1）鸡舍内为一级防疫区，鸡舍外为二级防疫区，根据场区结构可增加三级防疫区划分；一级防疫区是种鸡场重点防疫区域。

（2）所有进入鸡舍的人员和物品均经过有效的生物安全措施处理。尽量减少进入鸡舍的人员和物品，因为进入的人员和物品越多风险越大。

3. 人流控制

（1）场区准入申请

①饲养员进入鸡场。按照公司隔离制度，不需申请。由所在场区场长进行生物安全背景调查，并决定是否可以进入。

②生产部人员进入鸡场。各分公司内部人员，进入自己所管辖的场区，不需申请。进入其他场区，需要填写"场区准入申请表"，由上级领导审批，抄送给所去场区场长。

分公司之间人员进入其他分公司的种鸡场，需要填写"场区准入申请表"，由所去种鸡场场长、经理、副总、总经理审批。

③非生产部人员进入鸡场需填写"场区准入申请表"，经二级审批，并抄送给场区第一负责人和生产总监。一级审批人为申请人主管领导，负责对申请表内容真实性进行审核，二级审批人为分公司总经理，结合公司隔离制度及场区现状，决定是否允许进入。

④场区准入申请表。主要用于调查了解申请人的生物安全背景，调查内容包括但不限于以下内容：申请时间，个人信息（衣服尺码、鞋子尺码），计划进场时间，过去7天内风险区域调查（进入特定病原阴性鸡场的时间和地点、进入特定病原阳性鸡场的时间

和地点、进入发病鸡场的时间和地点、进入不明背景鸡场或其他家禽养殖场的时间和地点、进入家禽屠宰场的时间和地点、进入活禽市场的时间和地点、进入含家禽或家禽生鲜市场的时间、接触家禽生鲜食材的时间、进入化验室的时间和地点)，隔离地点，隔离天数，计划进入鸡舍时间，计划离场时间。

（2）人员进出生活区生产区流程，如图4-11所示。

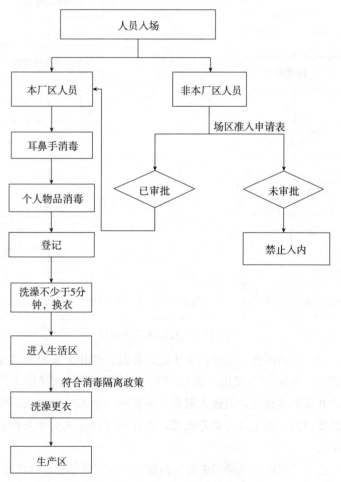

图 4-11　人员进出生活区生产区流程

（3）人员出入鸡舍流程，如图 4-12 所示。

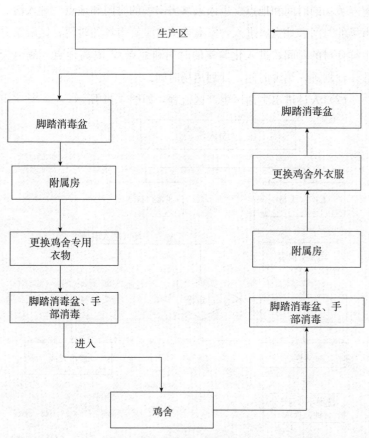

图 4-12　人员出入鸡舍流程

（4）洗澡流程　脱掉衣服并把所有的衣服和个人物品放在外更衣室。如场区未提供一次性内衣，贴身内衣可选择带入洗澡区，并穿进生活区，但进入鸡舍必须更换内更衣室的内衣。个人物品按照公司规定进行消毒处理，不在允许目录内的个人物品禁止带入。

进入洗澡区。洗澡间更衣室的拖鞋、内衣等禁止穿进洗澡区。洗澡间外更衣室卫生归洗澡间外侧区域打扫消毒，洗澡区和内更衣室归洗澡间内侧区域打扫消毒。洗澡间毛巾以及洗澡间内侧穿的内衣，可以在洗澡间清洗、晾晒，但禁止带到洗澡区的外更衣区。

冲洗整个身体。使用洗发水和沐浴露，认真清洁头发及身体，特别是面部、颈部、手臂、手等暴露在空气中的部位。洗澡时间（不含更衣时间）不少于 5 分钟。使用洗澡间内侧提供的毛巾擦干身体。穿上洗澡间内侧提供的衣服。使用吹风机热风，吹干头发，然后进入。一旦进入洗澡区和内更衣室，不能返回外更衣室，除非重复上述洗澡步骤。浴室每天清理并进行消毒处理。

（5）科学洗手　双手十指合并，交叉搓洗，不低于 20 次。十指交叉，掌心相对，反复搓擦，不低于 20 次。十指交叉，掌心对掌面，反复搓擦，不低于 20 次，换手再搓擦 20 次。单手握住拇指，反复搓擦，不低于 10 圈，换手后再搓擦 10 圈。单手合拢，用合拢的指尖，向另一只手的掌心，反复搓擦不低于 10 圈，换手后再搓擦 10 圈。单手握住手腕，反复搓擦，不低于 10 圈，换手后再搓擦 10 圈。如使用免洗消毒凝剂或酒精喷手消毒，重复次数可以减少，但步骤不能省略。

（6）其他规定

①员工腹泻期间，不允许进入鸡舍。

②饭前便后，科学洗手。

③清粪工不允许进入鸡舍。此处清粪工是指频繁出入污道，对污道进行清扫、消毒，且能够接触到外部车辆、道路或物品的人员。

④因设备紧急故障，需要立即进入鸡舍时，需要穿隔离服、换鞋、戴头套、戴手套后进入，进入鸡舍后只能与故障设备接触，禁止与鸡群发生直接接触。

4. 物流管理　鸡场物资主要包括食材、兽药疫苗、饲料、生活物资、设备以及其他物资等，个人物品包含于人员管理部分。

（1）食材的选取　食材生产、流通背景清晰、可控，无病原污染。家禽类动物生鲜及制品禁止入场。蔬菜和瓜果类食材无泥土、无烂叶，肉类食材无血水。经臭氧熏蒸30分钟以上进入厨房指定位置。

（2）饭菜进入鸡舍　如需要送饭到鸡舍内，饭菜容器选择单层不锈钢材料，送鸡舍前先用酒精喷淋饭盒，然后传入鸡舍。

（3）兽药疫苗　疫苗及有温度要求的药品，拆掉外层纸质包装，使用1∶200惠洁或1∶100的84喷淋泡沫箱外表面后，转入生产区药房储存。其他常规药品或对温度没有严格要求的疫苗，甲醛熏蒸后，在传递间隔离3天，转入生产区药房储存。

（4）饲料　无沙门菌等病原。

（5）水质　水质清洁，无沙门菌污染。活疫苗使用前中后3天不使用氯消毒的水。如使用光消毒处理，不要求有效氯含量。

（6）蛋盘、蛋托　专场专用，互相不串场，各鸡场给自己的蛋盘、蛋托做好标记，以便检查。蛋盘、蛋托经过有效消毒，不能携带沙门菌等病原菌，蛋盘、蛋托到达场区后，隔离72小时以上使用。蛋库完全独立的场区，可不经过隔离，直接使用。

（7）生活物资　集中采购，经甲醛熏蒸后入场，减少购买和入场频率。进入鸡舍需隔离72小时以上。

（8）设备、五金　使用1∶200惠洁喷淋，或甲醛熏蒸后入场区，如不能进行以上两种操作，需隔离72小时以上才能使用。

（9）维修工具　常用的维修设备每栋鸡舍一套，不串舍。价值较高的维修设备，每个场区一套，进鸡舍前根据物品材质选择消毒剂浸润、酒精喷淋、隔离方式消毒，使用后经清洁、消毒后取出鸡舍，放置在维修房，供下次使用。维修工具包禁止带入鸡舍。

5.车流管理　种鸡场车辆（包括雏鸡车、转群车、料车、蛋车、粪车以及私人车辆等）进入场区，需遵守表4-4相关规定。

表 4-4　各种车辆进入种鸡场相关规定

车辆类型	车辆来源	司机管理	运输路线	消毒	备注
雏鸡车	内部车辆	72 小时未接触家禽，更换工作服、工作鞋接触车辆	绕开其他鸡场和滑液囊支原体阳性的孵化场 500 米以上	冲洗消毒	
转群车	外部车辆	指定位置进行隔离 24 小时以上	尽量绕开其他鸡场 500 米以上	冲洗消毒	
料车	—	禁止下车	避免经过鸡场、其他动物饲养场及屠宰场等高风险场所	冲洗消毒	料塔在场外，禁止入场
蛋车	内部车辆	禁止下车	—	经两次消毒	
粪车	专场专用	—	—	冲洗消毒	
私人车辆	禁止进入场区				

6. 有害生物流控制

（1）防鼠　按照"一围二毒三捕"的理念进行防鼠。一围是指鸡场和鸡舍的围墙要求进行密闭性检查，阻止鼠进入鸡舍内，密闭性检查要求缝隙的直径低于 0.6 厘米，即一支铅笔无法通过的孔径。二毒是指在鸡场内，鸡舍外放置毒饵；三捕是指在鸡舍内，放置捕鼠笼，捕杀进入鸡舍的鼠，同时评估场区总体的防鼠效果。

①毒饵投放位置：鸡舍外生产区，以及生活区。毒饵投放区域需要在鸡舍外，并在围墙包围圈内。

毒饵站初步位置仅有指示性，数量和位置将根据观察到的啮齿动物活动而变化。毒饵站必须编号并固定，一般选择在门两侧、鸡舍周围。外围建筑将根据需要进行布置，如发电机房、仓库。

②所有毒饵站必须干净。毒饵类型应多样化，每三个月更换一次毒饵，换的毒饵需要含有不同类型的有效成分，以防止产生抵抗力，并能持续保持对啮齿动物的吸引力。

③毒饵站监测。处理毒饵站和毒饵时须始终佩戴手套和口罩。每三周进行一次毒饵变化检查，记录毒饵变化的程度和日期。轻微活动迹象表现为诱饵有几处小咬痕，严重活动迹象表现为诱饵严重被咬或消失。若有轻微活动迹象，则重新加满相关区域的毒饵站；若有重活动迹象，则添加额外的毒饵，视情况而定是否需要三周内再监测。

④在鼠类活动频繁期间，场区可自行决定增加检查频率。在这种情况下，确保记录实际进行检查的日期和信息，不需要进行申请。毒饵站检查记录对所有现场都通用，允许在鼠活动频繁期间增加额外的站点。应监测这些情况，直到活动频率降低，不再需要时可以撤掉相关毒饵站。

⑤鸡舍内放置捕鼠笼，每周检测一次，记录捕鼠情况。鸡舍内在前端和尾端至少设置4个诱饵监测点，正常情况下，放置鸡饲料碎末作为诱饵，每个监测点300～500克，每月更换一次（如期间发霉或被破坏，应提前更换），每周检测饲料诱饵情况，记录是否被食用。根据每周监测情况，确定鸡舍内是否有鼠。如果没有鼠，按现有方案进行，如果发现鸡舍内有鼠，需要检查鸡舍密闭性，同时在鸡舍内投放鼠药，增加捕鼠笼，以恢复鸡舍内无鼠状态。

（2）防鸟

①场区内任何时间和地点（包括料塔顶部、料塔周围、食堂残物等）都不能有撒料或其他鸟类爱吃的食物，一经发现有撒料或鸟食，立即收集起来，扔进带盖垃圾桶或密封处理（禁止扫到料塔周边的泥地或草丛里），并尽快消除撒料原因。

②场区内不能长期存在积水。

③场区内不能有高大的绿植。

④场区内不能有鸟窝，且鸟粪要及时清理并消毒。

⑤衣服需要烘干，或在能够防鸟、防蝇的晾晒棚内晾晒。

⑥窗户需要安装防鸟网。

（3）防苍蝇和害虫

①清洁场区，使其不易吸引昆虫。餐厨垃圾经水过滤后，使用垃圾袋密封后，投入垃圾收集站，每日清理。生活垃圾在收集、贮存、运输及处置等过程须防扬散、流失及渗漏。鸡舍内要保持卫生，地面的蛋液、漏粪、霉变等，每周清扫2次。鸡舍内清粪间隔时间不能超过5天，鸡舍外洒落的鸡粪及时清扫并处理。

②气候温暖时，在饲料中添加防苍蝇药，抑制苍蝇卵孵化。饲料洒落地上，随时清扫并处理。

③湿度对苍蝇的管理至关重要，保持设施干燥，减少苍蝇繁殖的机会。在带鸡进行雾化加湿时，需要小心以防水分在环境中积累，为苍蝇创造繁殖条件。

④温度在5℃以上的时期，每月使用高效菊酯类农药对场区舍外环境进行一次全面杀虫，喷洒要选择无风的天气，人员要戴口罩，做好安全防范。在苍蝇较多时，使用苍蝇药诱杀苍蝇。鸡舍内缝隙、孔洞是昆虫的藏匿地，发现后向内喷洒杀蜱药物（如菊酯类、脒基类），并用水泥填充抹平。

⑤生活区院内、鸡舍外排风口、生活垃圾临时存放点附近等苍蝇较多的地方，可以安置捕蝇笼，鸡舍操作间悬挂粘蝇条和灭蝇饵料。

⑥场内禁止饲养宠物，发现野生动物及时驱赶和捕捉。

7. 科学免疫　以抗体监测为依据，疫苗免疫为基础，减少疫苗种类、免疫次数、剂量从而减少免疫应激，确保活疫苗的安全，具体免疫程序如表4-5所示。

表4-5　父母代蛋种鸡场免疫程序

时期	免疫项目	方法	剂量	规格
1日龄	马立克氏病疫苗	孵化场混合后注射	1羽份	2 000羽/瓶
1日龄	法氏囊病疫苗		1羽份	2 000羽/瓶
1日龄	传染性支气管炎疫苗	孵化场喷雾	1羽份	1 000羽/瓶

（续）

时期	免疫项目	方法	剂量	规格
1日龄	传染性支气管炎疫苗	孵化场喷雾	1羽份	2 000羽/瓶
7日龄	新支二联苗	点眼	1羽份	1 000羽/瓶
7～10日龄	新流法（ND＋IBD＋H9）三联苗	颈部皮下注射	0.3毫升	500毫升/瓶
21日龄	新支二联苗	点眼	1羽份	1 000羽/瓶
21日龄	禽流感H5＋H7灭活苗	颈部皮下注射	0.3毫升	500毫升/瓶
8周龄	新支二联苗	点眼	1羽份	1 000羽/瓶
8周龄	新支流（ND＋IB＋H9）三联	右侧胸肌注射	0.5毫升	250毫升/瓶
10周龄	禽流感H5＋H7灭活苗	左侧胸肌注射	0.5毫升	500毫升/瓶
12周龄	脑痘（AE＋POX）二联苗	刺种	1羽份	1 000羽/瓶
13周龄	新支二联苗	点眼	1羽份	1 000羽/瓶
14周龄	传染性贫血灭活苗（依检测结果）	饮水	0.5羽份	2 500羽/瓶
14周龄	新流法减四联苗	右侧胸肌注射	0.5毫升	500毫升/瓶
18周龄	禽流感H5＋H7灭活苗	左侧胸肌注射	0.5毫升	500毫升/瓶
18周龄	新支流（ND＋IB＋H9）三联苗	右侧胸肌注射	0.5毫升	250毫升/瓶
19周龄	新支二联苗	点眼	1羽份	1 000羽/瓶

注：新支二联苗用于预防鸡新城疫、传染性支气管炎，新流法三联苗用于预防新城疫、禽流感、传染性法氏囊病，新支流三联苗用于预防鸡新城疫、传染性支气管炎、禽流感，脑痘二联苗用于预防禽脑脊髓炎、鸡痘，新流法减四联苗用于预防新城疫、禽流感、传染性法氏囊病、减蛋综合征。

五、质量管控

1. 空场管理

（1）空场消毒　遵循从外到内、从前到后和从上到下的鸡舍冲洗原则进行鸡舍冲洗，进而通过气体扩散的熏蒸方式对鸡舍进行无死角消毒。具体空舍消毒流程见图 4-13。

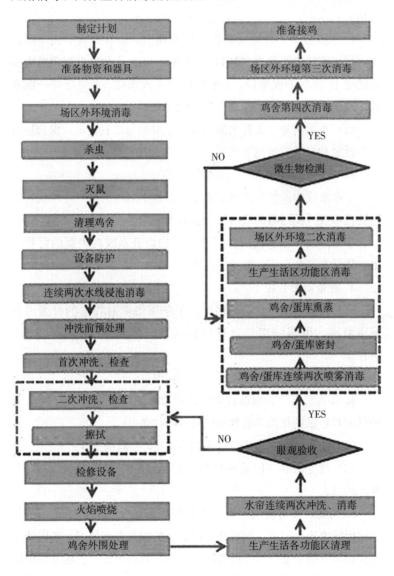

图 4-13 空舍消毒流程

（2）空场消毒验收　接鸡前首先通过眼观验收，眼观验收合格后，通过一系列的熏蒸消毒措施，微生物采样检测合格，方能接鸡。

2. 水源控制　为保证鸡群在饲养期间，能够一直喝到干净的水，贯彻实施水线管理"10111"方案：每毫升水源水细菌总数不能超过 10 菌落形成单位，1 个月浸泡一次水线，1 周反冲一次水线，水线水每 1 天均保持合适浓度的消毒剂。

（1）水源消毒　在蓄水池添加次氯酸钠与二氧化氯，保持适宜的有效氯和有效二氧化氯浓度。

（2）水线消毒

①在水线中添加浸泡液浸泡 3 小时以上后用清水反冲水线，以达到将水线内部污垢彻底清洁掉的目的。

②通过反冲将水线内的无机悬浮物以及水线内表面的污物冲出，降低细菌在水线内繁殖的速度。

3. 种蛋质量管控

（1）种蛋消毒　在中午期间、下午下班前对收集的种蛋进行熏蒸消毒，熏蒸结束后，开启排风扇，排风 30 分钟，并入库保存。

（2）种蛋保存　温度：20～22℃，湿度：50％～75％。

4. 体重管理　为确保青年鸡转到蛋鸡场后的质量，在 42 天和转群前对育雏场每栋鸡舍的鸡随机抽查体重。

（1）抽查比例　每栋舍母鸡抽查 2％，公鸡抽查 5％。

（2）判定标准　体重超过海兰饲养标准 0.9％～1.2％，均匀度≥80％。

5. 药物、疫苗使用管理　为加强兽药的使用管理，进一步规范和指导兽药、疫苗、饲料药物添加剂的安全合理使用，场区使用的药物和疫苗须是经国务院兽医行政管理部门批准、在国务院兽医行政管理部门注册过的兽药、药物添加剂及其他化合物。禁止使用有致畸、致癌、致突变作用的兽药，禁止将人用药品用于鸡群，禁止使用未经农业农村部批准或已经淘汰的兽药，禁止使用会对环境造成严重污染的兽药，禁止使用激素类或其他有激素作用的物质及催眠镇静类药物，禁止使用未经国家畜牧兽医行政管理部门批准的基因工程法生产的兽药。

第五章
商品蛋鸡饲养管理

第一节　后备鸡的培育

一、阶段划分与培育目标

1. 阶段划分　蛋鸡的后备阶段在整个养殖周期内是最关键的，一般来说，按照鸡的生长发育特点，将其分为两个生长发育时期：育雏期（1～8 周龄）和育成期（9～16 周龄）。雏鸡的生理特点是体温调节机能差，初期易脱水，对温湿度要求较高，两周龄后才逐渐趋于完善，生长发育迅速，代谢旺盛，消化器官容积小、消化能力弱，抗病力差，敏感性强，群居性强、胆小，对外界的异常刺激非常敏感，基础体躯逐步形成，免疫系统逐步发育完善。育成期鸡的生长发育特点是生长迅速、脂肪和钙磷沉积能力强，性器官发育快，尤其在 12 周龄后开始快速发育，13～14 周龄体格成型，15 周龄脂肪沉积能力强。

2. 培育目标　育雏期的培养目标是使雏鸡的体型均匀生长，尤其是 5 周龄的体重、胫长、均匀度、龙骨胸肌、羽毛 5 项发育达到品种标准，8 周龄雏鸡骨骼发育程度 75%，达成以后让其在育成期间能持续发育完善、拥有合适的骨架及应有的体重增长。

育成期的培养目标是使蛋鸡在达到性成熟之前能建立起良好的体型，即骨架与体重的综合指标达标良好，即获得良好的体型指数和免疫、消化系统等的功能，鸡的体成熟和性成熟同步，成活率高，均匀度好，以便适时开产，与此同时，要避免骨架小、相对体重大的肥胖鸡形成。

二、雏鸡的培育

1. 育雏前准备工作

（1）检验全部仪器设备运作是否正常。特别注意温控系统需要提前输入程序并试运行，发电机和加热系统要彻底检修并试运行。

（2）养殖员的培训，尤其是对于新招聘的养殖员，一定要进行严格培训方能上岗。

（3）提前准备好燃料、饲料、疫苗、药品和日常用品等。

（4）提前预温鸡舍（冬天提前2天，夏天提前1天），并确保空气湿度达55%～65%，保证舍内温度达到35～37℃。

（5）调整好光照强度（前2天越亮越好）和光源高度，确保灯光能从饮水器的水面反射出来，以吸引雏鸡饮水。

（6）进雏鸡时要提前加好水，并合理地摆放饮水器位置（靠近光源的笼内1/3的位置），在雏鸡开水后，2～3小时添加饲料以便鸡只开食。

（7）进雏鸡前要向孵化厂了解鸡苗的产地、种鸡周龄以及当地的饲养状况，关注孵化厂的马立克氏病和传染性支气管炎的免疫情况、运输质量等。

2. 育雏管理要点

（1）温度　适宜的温度是育雏成功的关键。第1周的前3天需保证舍温在35～37℃之间，后4天33～35℃，之后每周降低2℃直到21℃左右。雏鸡的分布状态是判断温度是否适宜的标准：雏鸡扎堆、尖叫、靠近热源，说明温度偏低；雏鸡远离热源、翅膀散开并张口呼吸、呼吸急促，说明温度偏高；温度合适则雏鸡均匀分布、运动自如。

舍内温度应保持相对稳定，禁止忽高忽低，舍内温差在 1 小时内不宜超过 2℃，温差若超过 4℃极易诱发疾病甚至死亡。在保温的前提下应注意舍内的通风换气，换气不足可能会增加雏鸡感染马立克氏病的风险。

切记舍内温度不能存在局部温度过高或过低，若客观条件如此，则前期可将雏鸡放在温度适宜的笼位内，不能将雏鸡放在温度过高的笼位，否则易引起雏鸡脱水。接雏时必须注意不能将鸡苗箱放在烟道上或离热源太近的地方，这样极易引起雏鸡脱水甚至热死。

（2）湿度　雏鸡的生长要适宜的湿度。雏鸡 1～3 日龄以 65%～70%的湿度为宜，3 日龄以后以 55%～65%的湿度为宜，10 日龄后湿度维持在 50%～55%即可，但不能小于 40%，一般低于 40%时，容易引起呼吸道疾病。

（3）通风　育雏初期正确的保温及通风对于日后鸡群体形的发育和抗病能力均有很大的影响。因此，鸡舍的保温性和密闭性十分重要，要合理调控通风换气系统，一般育雏期为横向通风，避免直吹鸡只，需确保鸡舍的换气和温度均匀，严格避免氨气、二氧化碳等浓度过高。

（4）光照　雏鸡育雏前 1～2 天，24 小时光照，灯光越亮越好；第 3 天起的光照计划按密闭式鸡舍对应光照程序执行，即 3～7 天降至 22 小时，20～30 勒克斯的光照强度；从第 2 周开始，每周减少 2 小时光照，直到稳定在 8～9 小时光照时长，光照强度则从第 4 周降至 5～10 勒克斯。灯泡的布局应确保光照的均匀，特别是立体式笼养的养殖场，普遍采用高低灯的布局方式，需要注意上、中、下的光照强度即每笼内各个方向上的光照强度都基本一致，避免底层光照强度太弱，影响雏鸡采食和饮水。

（5）饲养密度　往笼内装鸡时要注意把握饲养密度。合理的饲养密度是保证鸡群健康生长的重要因素，密度过低，会造成设备和人力的浪费，增加保温难度；密度过大又会限制雏鸡活动、采食、饮水，进而影响健康生长。每次免疫接种、分群时必须把每笼的鸡放均匀，确保每笼鸡数一致。一般来说，随着鸡的生长，所需空间也逐步加大，一般前4周每只鸡所需密度达190厘米^2，5周之后骨架发育进一步增加，所需密度空间在育成后期达到375厘米^2/只。

（6）饮水　雏鸡到达后，应尽快让其饮水（入舍后1小时内），因为出壳以后，还有部分卵黄没有被吸收，饮水有利于营养物质的吸收。另外由于运输期间的应激，加上在育雏舍内温度较高，呼吸蒸发量大，也需要饮水来维持体内的代谢平衡。育雏开始的第一天，应根据鸡群情况在饮水中可适当添加葡萄糖和0.1%～0.2%的电解多维，减少应激。

育雏期间应保证饮水充足，水线的高度要随着鸡群的生长发育及时调整。若使用乳头饮水器，在最初两天，乳头饮水器应置于鸡眼部高度，第三天开始提升水线，使鸡以45°饮水，两周后继续提升水线，使鸡以60°～70°饮水。

要保证饮水清洁和供水畅通，定期冲洗饮水管道和饮水器。如果通过饮水器投药或添加维生素和矿物质，应增加冲洗消毒饮水管道和饮水器的次数。除免疫日，应经常对饮水进行消毒，通常使用氯制剂消毒饮用水。

在正常情况下，鸡只的饮水量是采食量的1.5～2倍，饮水量与采食量、温度、鸡群健康状况等因素有很大关系。雏鸡饮水温度要保持在20～25℃。

雏鸡到达后，需要通过把较弱的雏鸡喙浸没在饮水器的水中来引导其饮水。这可以有效地改善第一周死淘率偏高问题。

保证饮水的卫生，育雏前期饮水中加有许多营养物质，长时间不换水则容易腐败变质，原则上每天应加水两次，每次加水量少一点；饮水器需要每天用清水清洗干净后再加饮用水。

（7）喂料 喂料设备数量充足，料盘分布、饲料分配均匀。

逐渐将料盘移向自动料线，当雏鸡能完全从自动料线内吃料时，再移去料盘。随着雏鸡的生长，调整料线的高度，以保持饲料清洁同时避免浪费。

换料：换料要有过渡时间，不要等料塔打空或剩料很少时再打下个型号的饲料。1～3周饲喂能量和蛋白质含量高的营养平衡的雏鸡料，4～8周饲喂能量和蛋白质含量略低的料，以确保前期的营养摄入。

雏鸡初饮3～4小时后可开食，为了整个育雏阶段取得良好的成绩，育雏期第一周建议使用合格雏鸡料。育雏期间，每天每次的饲料量不能加得过多，遵循少喂勤添的原则，在加料时注意将料桶内的粪便羽毛清理干净，每周将料桶清洗消毒两次。

（8）其他注意事项

①每2～3天用消毒液（如季铵盐类、戊二醛类、碘制剂等）进行喷雾消毒，消毒时喷头要超过鸡背30厘米，场区外有疫情时应每天进行一次带鸡消毒。

②夏季育雏应注意在门窗上安装纱窗防止苍蝇和蚊子进入育雏舍内传播疾病。

③体重不达标时可以采取晚上增加1～2小时的采食时间，其他的光照时间不变。

三、育成鸡的培育

育成鸡对外界适应能力增强，生长迅速、脂肪和钙磷沉积能力强，性器官发育快，一般在12周龄后开始快速发育，因此，育成期体重的监管、营养的摄入、性成熟与体成熟的同步管理等尤为重要，育成期体重、均匀度决定了产蛋高峰维持的时间和产蛋高峰的峰值。

1. 光照

（1）光照程序可以控制蛋鸡的性成熟及开产日龄，密闭式鸡舍的光照程序最容易实施，且可调整光照的时长及光照强度，满足生长发育和产蛋性能的需求。

（2）育成期的光照时长及光照强度必须固定，8～9 小时的光照时长和 5 勒克斯左右的光照强度，有利于育成期体重的增长。

（3）育成期的鸡只敏感性强，是性器官发育的关键时期，性激素水平逐步增高，合理的光照控制可减少鸡的应激，避免造成激素分泌紊乱。光照太强，容易使鸡受到惊吓，发生啄羽、啄肛，还会使鸡提前换羽，影响产蛋，反之光照过暗则影响采食，导致增重不足，还会使消化系统、生殖系统发育受影响。

（4）鸡舍漏光会对光照程序产生影响（如啄肛啄羽、部分鸡提前开产、均匀度下降），因此，密闭式鸡舍一定要进行遮光处理。

（5）每周至少擦拭一次灯泡，确保光照强度不受影响。

2. 体重与均匀度

（1）性成熟时体重达到标准水平，均匀度高，则鸡只开产整齐、产蛋高峰高。

（2）育成期体重和均匀度的测定必须每周进行一次，具体方法：在鸡舍的不同点随机抽样称取鸡的体重，抽样量按鸡群总数的 3％～5％称量，每次取样以不少于 100 只为宜。鸡只体重均匀度以在平均值上下 10％的鸡只所占百分比来衡量。

（3）若鸡群普遍不达标则应逐步增加采食量直至鸡群体重达标（可延长喂料时间），若鸡群体重普遍偏重则应逐步限制鸡群的采食量或调整饲料配方（最优选择）直至体重与标准体重相近。

（4）若饲养密度过大，鸡只采食不均，体重不达标，导致发育不均匀，矮胖型的鸡只增多，均匀度变差，鸡群易生病、死亡率高，一般在育成中后期鸡只所需密度空间要达到 375 厘米^2/只。

3. 饲料营养

（1）育成期饲喂营养均衡的大鸡料，对青年母鸡性成熟和发育完成准备开产非常重要，大鸡料必须是粗粉料，若粉料结构中的细粒或较粗粒太多，会导致鸡选择性采食、营养摄取不平衡。

（2）一般从第 9 周起，改换成约含 15％蛋白质的大鸡料，直至 15～16 周龄止，这样利于育成鸡的嗉囊及肠道的扩张，产蛋鸡才会有良好的采食胃口。

（3）谷物及其副产品如麸皮均能提供大量的粗纤维，但配方的营养水平不能降低代谢能。

（4）换中鸡料后每天上午和下午连续三次供料，确保每只鸡都吃到料，保证鸡群的均匀度。

4. 环控通风

（1）青年鸡体温调节系统完善，一般鸡舍温度保持在 16～26℃，舍内湿度 45％～60％为宜，尤其冬季需注意保温，同时避免粉尘导致空气污浊。

（2）相较于育雏期，育成期鸡的采食量和排泄量大，产生的有害气体多，但其对环境温度适应力强，可加大通风换气。秋冬季节仍以横向和过渡通风模式为主。

（3）定期监测有害气体浓度指标，并做通风参数优化。

5. 后备鸡的质量标准

（1）无明显呼吸道、无流鼻液、无肿眼、无球虫便、无腹泻等临床症状。

（2）无残鸡、无瞎眼、无跛脚、无歪嘴、无烂翅膀等。

（3）群体体重达标率 100％以上。

（4）体重均匀度 85％以上。

（5）群体胫骨长度达标率 100％以上。

第二节　产蛋鸡的饲养管理

一、产蛋前的准备

1. 鸡舍准备

（1）养殖场长组织设备人员等在鸡只转入产蛋舍 1 周前完成所有设备（喂料、饮水、光照、通风、除粪等系统）的检修、维护、调试等基础性工作。

（2）养殖人员在鸡只转入 3 天前完成对鸡舍的最后一次清洁扫除、消毒工作。

（3）养殖人员在鸡只转入 1 天前完成对饮水（包含添加抗应激维生素等）、饲料上线、上槽的准备工作等，同时对喂料、饮水、光照、通风、除粪系统等进行再次运行调试。

2. 人员准备

（1）负责产蛋鸡饲养的养殖人员至少在进鸡前 3 天入场。

（2）至少在进鸡前 2 天完成养殖人员合同、安全、防疫、考核及关键设备操作培训，签字确认。

（3）养殖场管理技术人员至少提前 2 天安排配置足够的转群操作人员。

（4）转群前做好人员分工和安全、规范操作培训。

3. 物质准备

（1）转群进鸡前 2 天要确保所有饲养工具、转鸡框、工作车、防护用品等配备完毕，同时确保人员物质消毒设施设备正常运行。

（2）转群进鸡前至少 1 天准备好饲料、药品、疫苗等重要投入品。

4. 接鸡准备　根据转鸡日龄实施光照计划，做好通风系统的运行和设备空气指标的监测（不刺眼、无异味），保证舍内空气质量达标。

确定每个鸡笼装鸡的数量、位置并通知到每个转接鸡人员，转入舍后迅速摆放至指定位置，不得堆叠。鸡只入舍后抽检体重，做好记录。

5. 转群

（1）转入鸡舍时应关注天气变化和环境气温因素，夏季尽量选择晚上或凉爽天气时段转群入舍、冬季尽量安排在白天转群入舍。

（2）在 16 周龄前必须完成鸡只转群，按计划完成相应的免疫接种。

（3）转群过程中，要小心捉鸡，避免造成骨折和损伤正在发育中的卵巢等。

（4）转群完后，经常巡视鸡舍，尤其注意耗料和饮水是否正常，多次喂料确保充分采食，在晚间熄灯前 2 小时给予最后一次的喂料。

（5）鸡只上笼一周内完成落地鸡只抓捕、上笼鸡只数量及笼位密度清点和调整。

6. 体重及笼位均匀度调整

（1）育成鸡每周称重，转群前一周再称取鸡群体重和均匀度，转群上笼完成后一周内整群完成，选淘出病弱残的鸡只。

（2）按产蛋舍单笼的标准数放置鸡只，对于超标准笼位数的鸡只集中放置在靠近两侧墙的笼位，再次称取体重并评估均匀度，对比与转群前的差异。

7. 免疫

（1）鸡群开产前集中做一次含预防减蛋综合征的四联苗接种。

（2）转群的前后 3 天，供应鸡群水溶性多维和电解质以减少应激，冬春季节等疾病高发期则投喂抗病毒中药预防。

8. 换料

（1）转群后每日观察鸡只性征的发育，如肉髯、羽毛、脸颊、耻骨等，参照品种标准体重和性征特点，对于体重不达标的继续投喂育成期大鸡料，以确保体成熟与性征发育同步。

（2）转群后，根据体成熟与性成熟的一致性，一般 17 周龄产蛋开始将育成大鸡料改换为产前料或产蛋期过渡料并使用到产蛋率 5％（18～19 周龄）。

（3）产前料或产蛋期过渡料中的钙含量、氨基酸含量为育成期大鸡料的二倍，7 天的过渡料使用对于鸡群生长的整齐度和开产蛋重的控制（避免初产蛋太大或双黄蛋多引起的脱肛）和后期蛋壳质量都极为重要。之后，更换为产蛋第一期料，具有更高的钙含量。

二、产蛋鸡的饲养

1. 环境

（1）温湿度与空气质量　产蛋舍温度控制为 18～26℃，相对湿度在 50％～70％为宜，配套灵敏的检测和报警装置监测；根据外界气候环境，合理调控通风参数，调节舍内温度，舍内温度一天波动不超过 2℃，降低相对湿度，排除鸡舍中的有害气体，严格控制氨气、二氧化碳等浓度，确保空气质量。

（2）舍内卫生消毒　人员及物质入舍需消毒；保持鸡舍内环境清洁卫生，定期清扫粉尘、杂物、死角等，定期进行舍内消毒；粉尘如果较大可通过喷雾降尘、适当加大通风量或配方调整等方式进行处理。

（3）减少物理性应激　产蛋舍人员作业时减少机械性、物理性应激，避免惊群。

2. 光照

（1）光照程序的制定　根据鸡群发育状况，16～17周龄以后光照强度维持在10～15勒克斯，产蛋期间，一般每周加光1小时，直至光照时长恒定在14～16小时，产蛋期光照时长不能缩短，光照时间、光照强度一旦确定，不要随意变动。鸡舍漏光会对光照程序产生影响，如啄肛啄羽、部分鸡提前开产、均匀度下降。光照增加不能过快或过早，否则引起产蛋鸡的啄肛、脱肛、双黄蛋增多等。

（2）光照计划的执行　产蛋鸡补光一般采取"夏补早"（利用早上气温凉爽使鸡能多采食），"冬补晚"（昼短夜长让鸡在晚上能多采食）的措施。全天光照时间在早上4：00至晚上8：00—9：00，或增加凌晨补光。每周补光时间不超过1小时。灯泡分布要均匀，不要有暗区，每排灯泡应交错分布为宜。灯泡间距一般为2.5～3米，叠层笼一般采用高低两层布置形式，下层灯离地面约2米，上层灯离笼顶0.4米。如果加圆形灯罩，可提高光效率30%～40%。另需每周擦拭灯泡保持清洁。

3. 饮水

（1）养殖场鸡饮用的是自来水或深层地下水。采用深层地下水时，水源周围50～100米内不得有污染源，水质符合蛋鸡饮用水水质标准。

（2）配套备用水源，备用水源供水能力能满足生产所需。

（3）保障鸡只在有光照的时间段内饮水充足并且不能间断。

（4）每年至少2次对养殖场水质采样送检，对水质指标异常须采用水源消毒或净化设备处理。

（5）进入鸡舍水压应保持在适宜水压，定期对过滤器滤网进行清洗或更换。

（6）主管网应半年冲洗1次，每月冲洗饮水管2次，每月清洗过滤器滤芯1次。

（7）通过加药器对鸡群进行饮水给药后，应对饮水管进行 1 次冲洗。

（8）饲养人员每天对各栋鸡舍用水量进行监控，并依据饲料槽中的消耗状况及时判定鸡的饮水是否正常、水线或饮水乳头是否通畅，发现异常立即上报。

（9）饲养人员每天需对鸡舍的水压、水线水压进行检查；设备人员每周 2 次对水泵、供水管漏水情况进行检查，如出现水泵损坏或者水管漏水情况要立即维修。

4. 喂料和营养

（1）配方师依据鸡群日龄制定相应的产蛋前期、产蛋高峰期、产蛋后期的饲料配方。

（2）整个产蛋期饲料中的钙质必须有 1/3 以上要以大颗粒的形式供应，如石灰石。

（3）产蛋期各期饲料的营养推荐是基于较为固定的代谢热能含量和舍温 20℃及羽毛覆盖良好的情况设计的，实际上料期的更换，还是依据鸡群的产蛋量及对钙质需求为主，而非依据周龄来更换。

（4）依据品种参数中的体重与推荐的采食量标准合理控制鸡的日采食量。

（5）饲养人员在饲料使用过程中对饲料进行感官、分级情况等进行检查。

（6）饲养人员按采食量标准，均匀分次（每天不少于 4 次）将饲料加入料槽中。

（7）在加料过程中检查下料均匀性和料量，以便调整下料口，每天在加料后需要进行不少于 2 次的料槽匀料操作；链条式则每天开启链条转动匀料至少 2 次。

（8）饲养人员必须每天清理料槽两端行车停放处的饲料，避免发霉变质。

（9）每月对料塔进行清空，检查饲料有无发霉、结块，料塔有无漏水情况。

5. 饲养密度　产蛋鸡的密度和采食空间确保至少 8～10 厘米/只，笼位面积需达 450 厘米²/只以上，既可保障鸡合理的采食饮水量，也利于保证鸡群生长的整齐度。

三、产蛋鸡的管理

1. 体重和均匀度

（1）转入产蛋舍，给饲养员 5～7 天时间匀鸡，匀完后进行抽查。

（2）饲养期间有选淘，饲养员应及时补笼，技术员每月抽查。

（3）从开产到 45 周龄，鸡的体重还在持续增加，为了达到理想产蛋及蛋重的目的，这期间的体重必须保持在品种的标准体重内。

（4）产蛋高峰后到 45 周龄以前，每 2 周测定一次体重，45 周龄以后，每个月测定一次即可，在鸡舍前中后、上中下、左中右笼位称取至少 120 只鸡，50％固定笼位、50％随机笼位称重。对体重不达标获超标鸡群进行适当管控，如笼位均匀度调节、营养和采食量调控。

2. 抗应激

（1）保持鸡舍及周围环境的安静，饲养人员应穿固定工作服，闲杂人员不得进入鸡舍。

（2）把门窗、通气孔用铁丝网封住，防止猫、犬、鸟、鼠等进入鸡舍，定期在舍外投药饵以消灭老鼠。

（3）饲料加工、装卸应远离鸡舍，这不仅可以防止噪声应激，而且还可以防止鸡群疾病的交叉感染。

（4）对可预见的应激，前 3 天可在饲料或饮水中投放一些抗应激药物，以减少损失。

3. 通风环控

（1）鸡舍内的气温根据季节变化，尽量采用横向、过渡、纵向三种通风模式的自动控制方式。

（2）鸡舍内保持无明显刺鼻、刺眼状况或严重粉尘漂浮，每列每层之间尽量温度均衡，避免鸡舍内出现通风死角或贼风侵袭。

（3）最小通风要用循环定时器控制 2～3 个排风扇，一般选取 5 分钟或 8 分钟的循环周期，更好地保证空气质量和温度均匀性。

（4）进风口必须调节恰当使鸡舍达到理想的负压：进风口开启太小，鸡舍负压太高，鸡舍进风量会不足；进风口开启太大，鸡舍负压会下降，造成风速较低且进风不均匀；一般进风口最多开到 60° 为宜。

（5）夏秋季节通风以负压通风降温排热为主，提高舍内风速为 2～2.5 米/秒，一般高于 28℃ 时则启动湿帘降温。

4. 鸡群指标监控与观察

（1）鸡群的体重达标至少应保持在 98% 以上，体重均匀度应保持在 80% 以上，蛋鸡月度成活率大于等于 99.4%，月产蛋达标率指标均保持在 98% 以上，可视为正常指标范围，如果鸡群 1 天之内死亡达 0.05% 以上，当天的产蛋率下降 3% 以上，在产蛋率达到 90% 之前未连续上涨的，当天的采食量明显下降则视为指标异常，均需着重分析。

（2）观察鸡的精神状况，注意鸡群有无啄羽、啄肛、挤伤、压伤、脱肛等异常情况。

（3）每天挑选淘汰残弱鸡（包括脱肛鸡或低产、弱小鸡或公鸡）。将空缺鸡的数量进行统一调整，使鸡笼中的分布数量密度保持一致。

（4）观察粪便有无异常（正常粪便较干燥如条状、颜色比较一致、白色尿酸盐沉积），若观察到异常粪便（血粪、稀粪、绿粪、水样粪便等）应立刻上报。

（5）观察有无呼吸道问题，一般在晚上熄灯后等鸡群安静下来，聆听鸡群有无异常声响，若有应及时上报。

（6）巡视料槽中饲料消耗量，若发现有明显的堆积现象时，首先巡查乳头是否缺水、再看鸡只数量或加料机运行是否正常，在得出正确判断后配合并排查故障。同时对残留在料槽中的发霉或变质或结块异物必须及时清除。

（7）在产蛋期间应该对产蛋的数量、颜色、形状、大小、软壳、破损巡视观察，若出现明显异常情况应立刻上报。

（8）每天在鸡舍内巡视时对发现的落地鸡，应立刻进行抓捕上笼或利用夜间熄灯后再实施抓捕上笼。

5. 蛋品收集

（1）饲养人员在每天集蛋开始前，拣出破蛋、软壳蛋、沙壳、畸形蛋、粪蛋（鸡粪严重污染）等，以减少对好蛋的污染。

（2）分开收集脏蛋和破蛋，于当班时间内送交到蛋品车间的半成品保管处并签收确认。

（3）收蛋鸡舍的顺序为"先健康再可疑"，每个鸡舍都应该完成一轮蛋品收集。

（4）确保每栋舍每天集蛋顺序、集蛋时间相对固定，以确保产蛋率等数据准确。

6. 其他方面

（1）保持地面无杂物、无鸡粪、无积水、无烂蛋；墙壁、墙角无蜘蛛网。

（2）定期冲洗饮用水过滤器，保证过滤器畅通和滤网的清洁；通过自动加药器给药后，对加药器进行清洗。

（3）定期对集蛋爪和中央集蛋线进行全面的刷洗清洁，减少交叉污染。

（4）舍内每周消毒不少于2次，进入鸡舍消毒池中的消毒液应保持是新鲜有效的。

（5）所有的生产工具需要经过有效的消毒后才能进入鸡舍

使用。

（6）进入鸡舍内人员的工作服、帽、鞋都应该保持清洁卫生，冬季每周清洗消毒不少于 1 次，夏季每天或每两天清洗消毒 1 次。

（7）注射器、刺痘针等使用后，严格实施消毒方可第二次使用。

（8）所有人员需经喷雾消毒、脚踏消毒液后方可进入鸡舍。

（9）所有到场区内的人员（含外来参观人员）应在门卫熏蒸消毒间经过消毒并且在门卫处登记获得许可后才能入场。

（10）鸡舍内的鸡粪清除应每天不少于 1 轮，特殊情况下 3 天以内不少于 1 次。

（11）及时清理因除粪产生的大量羽毛和粪渣，保持鸡舍后端的清洁卫生。

（12）鸡粪车只能从脏道冲洗消毒进入鸡舍后端，鸡粪清除场区无害化处理。

第三节　蛋品质量管理

按照无菌、无抗、可追溯的目标进行蛋品管理，参照鲜蛋生产国家标准 GB/T 34238—2017。蛋品安全检验标准参照食品安全国家标准食品中兽药最大残留限量 GB 31650—2019。

一、蛋品的清洁

1. 厂区管理

（1）环境

①洁蛋厂周边不应有影响食品卫生的污染源。

②水源充足，水质满足生产要求，排污处理应符合国家环保要求。

（2）设备　应配备清洗、干燥、杀菌、涂油、分级和包装等设备。

（3）人员

①工作人员身体健康，符合从事食品加工的要求。

②需经食品安全和生产安全知识培训后，持证上岗。

2. 生产环节管理

（1）原料蛋要求　选择合格蛋源供应商，确保稳定、安全、可追溯。清洗前挑出破损蛋、次劣蛋、沙壳蛋和畸形蛋。

（2）清洗消毒　清洗用水应符合生活饮用水卫生标准，水温10～32℃。清洗后应无肉眼可见的污物。洗涤剂应无毒、无味，对蛋壳无污染，洗涤效果良好。消毒剂应符合食品安全国家标准。

（3）风干、涂膜、打码　风温应低于45℃。风干后应立即涂膜，涂膜用的保鲜剂应无毒、无味、无色、无害，质地致密，附着力强，吸湿性小，可使用可食用植物油、聚乙烯醇、医用液状石蜡、医用凡士林、葡萄糖脂肪酸酯、偏氯乙烯、硅氧油、蜂蜡以及国家允许使用的其他保鲜剂。蛋壳表面需喷涂生产日期等信息。

3. 流通管理

（1）包装　洁蛋产品应包装，并注明产品名称、生产企业、生产日期、保质期、贮存及运输条件等。外包装上应印有易碎物品、向上、怕晒、怕辐射、怕雨、温度极限等标志。

（2）贮存、运输

①蛋库应有放鼠、防虫等设施，避免与有害、有异味和易腐蚀物品混贮。

②洁蛋贮存期至少一周，环境温度低于20℃。洁蛋贮存期大于一周，环境温度应控制在0～7℃。洁蛋贮存应记录入库时间、

批次。洁蛋出库应"先进先出"。

二、蛋品的可追溯

1. 生产环节溯源

（1）养殖场信息　包含鸡场名称、负责人、卫生防疫合格证、水质土壤检验报告、饲养品种、鸡群健康状况和数量等。

（2）饲料和添加剂信息　包含生产商、生产许可证号、使用日期、添加量等。

（3）消毒剂信息　包含消毒剂名称、生产商、生产许可证号、消毒剂使用日期、使用量等。

（4）兽药、疫苗信息　兽药名称、疫苗名称、生产商、生产许可证号、使用日期，疫病、疫情过程、使用量等。

（5）记录病、死、残鸡信息　记录死亡原因、处理方式、时间、日期。

（6）禽蛋生产信息　产品认证信息，产品编码与标识，产品执行标准，产蛋日期、地点、蛋库贮存条件、数量；不合格鸡蛋的处理数量、原因和方式等。

（7）运输信息　运输方式、卫生状况等。

2. 加工环节溯源

（1）加工企业　企业名称、生产经营许可证、卫生防疫合格证。

（2）原料蛋信息　生产厂家、生产日期、质量检验报告、数量、规格、蛋库存储条件、出入库时间等。

（3）加工过程　加工时间、设备卫生状况、人员健康状况、投入品的产品编号和保质期等。

（4）包装　包装生产批号、产品执行标准、材料、人员及车间卫生状况。

（5）出入库和运输信息　入库时间、流向、产品批号、检验报告、仓库卫生状况、运输时间、工具、人员等。

3. 禽蛋流通环节　主要以流通企业、产品、包装、出入库和运输等信息为主。

（1）禽蛋销售环节　主要以经销企业、产品、包装、出入库、运输和零售地点等信息为主。

（2）产品编码规则见图 5-1。

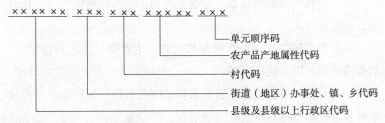

图 5-1　产品编码规则

第一段代码为 6 位县级及县级以上行政区代码；第二段代码为 3 位街道（地区）办事处、镇、乡代码；第三段代码为 3 位村代码，由所属乡镇编订；第四段代码为 5 位农产品产地属性代码；第五段代码为 3 位单元顺序码，由所属行政村编订。

第六章
蛋鸡养殖场生物安全管理

第一节　人员的生物安全管理

生物安全范畴内鸡场人员管理围绕三个目的开展，一是防止从鸡场外携带鸡源性病原微生物进入鸡场，二是防止鸡场工作人员在鸡舍间的交叉活动导致病原微生物在鸡舍间的传播，三是防止人鸡共患病对工作人员的身体造成感染伤害。关于人员管理措施，在保证养殖安全的前提下，也要充分考虑饲养人员的健康安全。

一、本场人员管理

（1）所有进、出场人员在鸡场门口进行登记，对进场人员72小时内的活动进行确认，72小时内到过其他发病养禽场或去过比本鸡场日龄大鸡场的人员，禁止进入本鸡场，同时根据国家卫生主管部门的相关规定核验个人健康档案。

（2）进场人员在鸡场门口换场内专用工作服或一次性防疫隔离服，换鸡场专用工作鞋或一次性防疫鞋套；对于有条件的鸡场在鸡场入口处设立淋浴间，所有入场人员经淋浴更衣后进入鸡场。

（3）在鸡场入口和鸡舍入口设置洗手盆，进入鸡场和鸡舍人员用洗洁精进行洗手，然后用75％的酒精进行喷手消毒。在鸡场入口和生产区入口，设立人员喷雾消毒通道，雾滴粒子以100～150

微米为宜，消毒剂采用季铵盐类，喷雾消毒时间控制在 10 秒左右。

（4）鸡场实行分区管理，生产区和生活区/办公区进行有效隔离；不建议工作人员生活区与鸡舍邻墙而居；不同区域设置不同颜色、不同样式的工作服和工作鞋，以利于现场有效管理。

（5）在鸡场门口、鸡舍门口、办公区、餐厅、卫生间等人员交叉点设置脚踩消毒盆/消毒垫；人员经过脚踩消毒，以降低鞋靴底部的污染物交叉污染；脚踩消毒盆/消毒垫每日至少更换 1 次，对于污染严重的脚踩消毒盆/消毒垫，随时更换以保证消毒效果。

（6）鸡场内设置专用洗衣房，工作服每日换洗 1 次，工作服清洗前采用消毒药浸泡 30 分钟后进行清洗；采用烘干或晾干方式，在室外晾干时要设置防鸟棚，防止洁净后的衣物受到鸟类等的污染。

（7）鸡场内各鸡舍固定员工，减少人员串舍交叉污染；对于鸡场内的集中性工作，工作完成返回原鸡舍前进行沐浴更衣，降低交叉污染风险。

（8）餐厅禁止采购禽类生品食材，防止食品携带禽源病原微生物对本场造成污染。办公区及员工宿舍保持卫生整洁，每日至少清洁 1 次，定期进行消毒。

（9）鸡场工作人员出现感冒、咳嗽等疾病症状，及时就医治疗。

（10）从事鸡场消毒工作时，工作人员应做好有效的防护措施（如戴手套、防护面罩、护目镜等），以防止消毒工作对人身健康造成伤害。

（11）对于鸡群发生重大疫情及人员健康出现聚集性异常事件时，要及时向当地政府主管部门报告。

二、外部工作人员管理

（1）鸡场属于防疫重地，原则上杜绝外部人员参观。

（2）外部工作人员入场要经过有权限主管的批准才能入场；在鸡场门口进行登记，对其72小时内的活动进行确认，72小时内到过其他发病养禽场或去过比本鸡场日龄大鸡场的人员，禁止进入本鸡场；严格根据国家卫生主管部门的相关规定核验个人健康档案。

（3）外部工作人员入场前对其进行生物安全防疫制度培训，进入场区后遵守同鸡场工作人员相同的生物安全措施管理。

（4）对于有条件的鸡场，外部工作人员离场前进行淋浴更衣。

第二节　物资的生物安全管理

一、一般物资的管理

1. 物品的分类

（1）外源性物品　饲料、工具、药品、疫苗、生产材料、食材、建材、钱币和私人物品等一切从场外带入鸡场的物品。

（2）鸡场废弃物　生产垃圾、生活垃圾、厨余垃圾、粪污等一切养鸡场产生的废弃物品。

2. 物品的处理原则

（1）鸡源性产品禁止带入　包括但不限于鲜肉、内脏，腌制肉类，含肉调料及含有调料的方便食品。

（2）进场消毒原则　所有允许进场的物品都必须经过充分的消毒。

（3）最少带入原则　与生产无关的私人用品尽量少带入生活区，不能带入生产区。

（4）充分裸露原则　对所有物资的最小包装进行消毒，保证消毒效果。

3. 物品进场流程

（1）最好建立物品的中转站，由供应商先交付至中转站，再由本场外部车辆运回。

（2）任何物品的供应商均应保证物品为全新，不能有其他养鸡场退回的产品。

（3）物品到达门卫处登记，确认数量和种类。

（4）将所有物品拆至可保存最小包装，用消毒液进行擦拭。

（5）消毒后物品放入熏蒸间，支架应镂空，物品禁止堆叠，过夜消毒。

（6）疫苗等需要冷藏的物品经过擦拭后直接转入场内保存。

（7）手机、电脑、眼镜、手表、首饰及其他贵重物品，均需消毒，且仅能带入生活区，不能带入生产区；眼镜同样需要进行消毒方可带入。

（8）生鲜和厨房食品　使用单独消毒通道进行臭氧消毒2个小时以上，不能进入厨房以外区域，专人处理，不能接触生产区人员；或在场外煮熟后经外包装送到养鸡场生活区，去除外包装后供员工食用。

（9）不便熏蒸的建筑材料，如水泥、沙子应在场内空地曝晒4～7天；如天气不允许，应在干燥环境中空置30天以上。

（10）从生活区进入生产区的物品同样需要严格消毒。

4. 场内物品的管理

（1）场内物品按照种类固定存放区域，不能混杂。

（2）仓库/储存间摆放整洁，定期打扫，防止有害生物出现。

（3）专人管理各类物品，遵循申报、登记、领取的流程。

（4）各鸡舍计算所需的物品数量，在鸡只进入前一次性领取，减少领取次数。

（5）各鸡舍物品由专人领取并分发，禁止员工随意进入储存区域。

（6）仓库/储存室定期使用臭氧进行消毒。

（7）各鸡舍的物品禁止交叉使用。

（8）使用结束的物品/工具应两次消毒（带出鸡舍前/后）再次使用。

5. 废弃物品的管理

（1）粪污　按照国家法规要求处理，禁止将未经处理的粪便/污水排出场外；运输过程中避免粪污污染场内道路、栋舍和其他环境。

（2）生产垃圾　每栋鸡舍结束生产后，将所有无用物品集中收集，密封包装运往处理中心，防止在运输过程中造成环境的污染；所有一次性物品禁止重复使用。

（3）废弃饲料　剩余的饲料及时清理，不能再次投放，造成交叉污染。

（4）生活垃圾　集中收集处理，禁止随意丢弃。

二、饲料的管理

（一）原料的生物安全管理

1. 原料采购

（1）饲料原料最好采自非疫区，并定期对供应商进行审核。

（2）采自疫区的玉米原料进行高温脱水。

（3）玉米和豆粕按照一定比例混合，进行前处理，如膨化或高温烘焙处理，作为饲料的基础原料。

（4）所有的原料采购需登记在案，可供追溯。

2. 运输车辆要求

（1）建议使用专用车辆，由本厂管理车辆的停放、清洗消毒。

（2）租用非专用车辆时，清洗、消毒、干燥以及司机管理受本厂控制。

（3）非专用车辆使用前，应进行充分洗消。

（4）车辆采用密闭措施，敞篷车辆加装顶棚或使用帆布覆盖。

3. 原料运输

（1）运输路线首选非疫区路线，应尽量避开养殖密集区和各类风险点。

（2）原料不能和其他材料混装（人员、动物、货物等任何无关人员或产品）。

（3）原料装卸由专人执行，提前淋浴并更换专用衣服、鞋、帽。

（二）饲料厂处理程序

1. 饲料贮存

（1）饲料密封贮存，做好防鼠、防鸟、防蝇。

（2）及时清理周边、室内散落饲料，清理周边杂草和积水。

（3）饲料原料分类贮存，禁止与动物源蛋白原料（如血浆蛋白）混合存放。

（4）大型规模化养殖场应做到"料不见天"，配比好的饲料直接从料塔输送到各鸡舍，隔绝运输、贮存环境中的饲料污染。

2. 人员管理

（1）禁止无关人员进入仓库，工作期间禁止接触其他可能污染病毒的物质。

（2）相关人员操作前必须经过淋浴，更换专用的工作服、工作靴。

3. 加工处理程序

（1）厂内只能生产专门的蛋鸡用饲料。

（2）理想状态下饲料厂仅为本体系提供饲料。

（3）对加工设备进行定期洗仓。

（4）每天优先生产、运输高生物安全等级饲料。

（5）饲料使用高温制粒，饲料加工延长调制时间。

4. 蛋鸡饲料管理

（1）仓库和料塔均做好防潮、防有害生物等。

（2）由专人负责饲料的运输、拆封和料线运行，操作前淋浴更衣。

5. 定期生物安全培训　所有员工进行定期生物安全培训，尤其是生物安全规程做出调整时。

6. 兽医评估

（1）主管兽医每季度评估一次。

（2）评估内容包括饲料原料来源、贮存，饲料生产、贮存、运输风险控制等。

三、水源的管理

1. 水源的选择

（1）尽量使用地下水或自来水，避免使用地表水。

（2）了解附近畜禽场和粪污处理场分布，避免使用其周边的地下水。

（3）如只能选择地表水，注意将取水口设置在排污设施的上游。

（4）了解水源地周边野生动物，做必要的防护。

（5）定期派人进行风险检查评估。

2. 饮用水的处理

（1）场内建立水塔或水箱，首先将场外水注入。

（2）储水设备尽量密封，设计防护网防止有害生物和粪便污染水源。

（3）根据存水体积和消毒药工作浓度，使用脉冲式加药器向水塔内添加消毒剂（如二氧化氯）。

（4）保证消毒药的作用时间，可选择两个水箱交替使用。

（5）在每个栏舍的饮水终端检测消毒剂浓度，确保达标。

（6）定期在取水口、出水口检测饮用水质（病毒、细菌含量，硬度等指标）。

（7）鸡舍清空时，使用清洁剂或酸化剂对水线进行消毒，清除内部生物膜成分。

（8）各个栋舍最好设置自动加药器，便于饮水加药和消毒剂添加。

3. 其他用水要求

（1）冲洗栏舍、车辆的水必须使用地下水，禁用地表水。

（2）厨房用水最好使用自来水或经过消毒的地下水。

第三节 车辆的生物安全管理

保证外来车辆的彻底消毒，有效杀灭外来车辆的病原微生物，预防和控制传染病的发生，养殖期间非必要的车辆禁止进入养殖场，如需进场则进行严格的消毒，为发病鸡群运输物料的车辆不得驶入饲养场，私家车、送菜车禁止驶入饲养场，停放在场外指定区域，由指定人员对车辆停放区域进行冲洗、消毒。具体进场流程如下：

（1）询问司机健康状况，并测量体温，同时根据国家卫生主管部门的相关规定核验个人健康档案。

（2）运输车司机在门卫处进行换鞋、登记、用洗洁精进行洗手，然后用 75％ 的酒精进行喷手消毒，穿防疫服，原则上进入生产区后，禁止车上司乘人员下车。

（3）运输车在养殖场大门外由指定专人进行冲洗消毒，冲洗消毒时特别注意轮胎及车体外部（包括顶部），若需进入生产区须通过汽车消毒门廊喷雾消毒，消毒时间不低于 3 分钟。

（4）养殖场汽车消毒门廊下方设置汽车消毒池，消毒池应与门同宽，长度不小于 4 米、深度不低于 0.3 米。

（5）为疑似非健康鸡场从事运输的车辆，在出场时在汽车消毒门廊喷雾消毒 3 分钟。

（6）运输车司机确需在饲养场就餐时，需在工作结束将车驶出生产区后，在生活区门卫室就餐。

第四节　养殖场消毒管理

一、常用消毒方法及特点

1. 带鸡消毒　带鸡消毒是鸡舍消毒方法中最为常见的，观察鸡舍中鸡的生长情况，选择对鸡无刺激或者是刺激较小的消毒剂以喷雾喷洒的方式，全面均匀地喷洒在鸡舍是一种减少灰尘，预防鸡呼吸道疾病的消毒方法。带鸡消毒不仅可以消灭存在于鸡舍空气中的有害物质，还能够提高空气质量。此外，还是一种控制鸡舍温湿度的方法，但是对预防肠胃道疾病没有太大的效果。

2. 饮水消毒　饮水是病菌传入鸡体的主要途径之一，如果没有做好饮水消毒的话，病菌可以通过水引起污染，鸡饮用后常发生肠胃道疾病。因此，饮水消毒能够将饮水中的病菌杀死，防止病菌寄生在水中进入鸡体，也可以在水中添加适量的消毒剂。此方法不仅对鸡没有太大的影响，还能促进鸡的生长，提高鸡的成活率与饲料的转化率，使养殖经济效益最大化。

3. 紫外线消毒　紫外线消毒是一种比较少见的方法，但是效果比较明显。紫外线消毒可以改变微生物的细胞结构，杀死病菌或降低某活力，还能够改变病菌的基因，使其失去对鸡的威胁。但是因为紫外线对人体有较大的危害，因此使用时一定要慎重。消毒时尽量保证不进入鸡舍，将鸡与紫外灯保持在 1 米左右的距离，消毒时间不可低于 20 分钟，否则效果不明显。

4. 熏蒸消毒　熏蒸消毒是将消毒剂蒸发散播在空气中从而减少甚至消灭病菌。熏蒸消毒适宜在空舍的时候使用，通常在肉鸡出栏后，对鸡舍及饲养设备消毒时使用。熏蒸消毒的主要材料就是甲醛，甲醛能够抑制一些病菌的传播，但同样也会对鸡甚至是人造成危害。

二、消毒剂效果评价及精准消毒

不同鸡场为了优化消毒方案，减少消毒剂使用，实施精准消毒，应根据消毒剂 MIC 值的测定及鸡舍空气中细菌总数评价指定适合本场的消毒方案。

1. 常用消毒剂 MIC 值的测定

（1）菌种培养　在鸡粪便样品中分离大肠杆菌、肠球菌、芽孢杆菌，用 LB 培养基在 37℃恒温培养至对数生长期备用。

（2）消毒剂药品配制　使用无菌蒸馏水将拟选择的消毒剂配制

成推荐稀释度的溶液，浓戊二醛溶液使用消毒剂原液，过滤除菌。

（3）MIC 测定　96 孔板分别设置实验孔、阳性对照孔、阴性对照孔，实验孔每孔加入 100 微升 LB 培养基。在实验孔的第一列加入 100 微升消毒剂，第一孔加配好的消毒剂后，充分混匀，然后吸取 100 微升加入第二孔，照此重复直至最后一孔，吸取 100 微升弃去。再在每一孔中加入菌液 100 微升混匀。阴性对照在每孔加空白肉汤 100 微升和 100 微升消毒剂，不加菌液；阳性对照在每孔加菌液 100 微升不加消毒剂。37℃过夜培养。实验共 3 次重复，37℃ 48 小时后观察抑菌效果，肉汤混浊判定为阳性；肉汤清澈判定为阴性。能抑制细菌生长繁殖的消毒剂最高稀释倍数为此消毒剂对试验菌的 MIC。观察细菌生长情况。根据 MIC 结果选择效果最佳消毒剂。

2. 消毒前后鸡舍空气中细菌总数评价

（1）消毒前　使用空气微生物采样器采集空气中的微生物，采样点距地面 60 厘米使用空气微生物采样器采样 1 分钟，采样器配置标准的 9 厘米直径的普通营养琼脂平板。鸡舍内选取中央料线长度的中点，以及鸡舍内取对角线上与另两条料线相交的四点共五点作为采样点。采样后，培养皿放 37℃恒温培养箱，培养 48 小时后记录培养皿细菌的菌落数。

（2）将拟选择的消毒剂原液溶入水中，机械搅拌，将消毒剂配制成 0.5 MIC、1MIC、1.5 MIC、2 MIC 的浓度，配制好后按照 6 毫升/米^3、12 毫升/米^3、18 毫升/米^3、24 毫升/米^3 用喷雾器进行喷雾消毒，消毒后每 6 小时进行采样，每个时间点 5 个平板，计算出 5 个平板的平均菌落数后，计算出该时间点的杀菌率：杀菌率＝（消毒前的细菌菌落数－消毒后 6 小时的细菌菌落数）/消毒前的细菌菌落数×100％。评价消毒后空气细菌总数，每 1 米^3 空气菌落总数超过 25 000 菌落形成单位为合格。

3. 筛选消毒剂正交试验　选取消毒剂种类、消毒剂浓度、喷雾量、消毒时间为试验因素，每个试验因素均有 4 个水平（表 6-1），用正交表设计一个四因素四水平的正交分析，不考虑各因素之间的交互作用。每个试验重复 3 次，计算 3 次试验的杀菌率的平均数，以杀菌率作为消毒效果的考核指标，杀菌率越高说明此组合的消毒效果越好，杀菌率越低说明此组合的消毒效果越低，并对各因素进行极差分析，筛选出对消毒效果影响最大的因素。

表 6-1　影响规模化蛋鸡舍消毒效果的因素水平

水平	消毒剂种类	消毒浓度 （毫克/升）	喷雾 （毫升/米³）	消毒时间 （分钟）
1				
2				
3				
4				

4. 精准消毒　基于对蛋鸡场细菌总数评价的数学模型，制定的精准消毒技术，实现规模化蛋鸡场数字化"精准消毒"。全封闭式规模化鸡舍夏季、冬季推荐消毒方案见表 6-2、表 6-3。

表 6-2　全封闭式规模化鸡舍夏季推荐消毒方案

消毒剂	消毒浓度 （毫克/升）	喷雾剂量 （毫升/米³）	间隔时间 （小时）
拜安 （癸甲溴铵）	83	6	96

表 6-3　全封闭式规模化鸡舍冬季推荐消毒方案

消毒剂	消毒浓度 （毫克/升）	喷雾剂量 （毫升/米³）	间隔时间 （小时）
拜洁（苯扎氯铵）	156.3	18	96
安立消（月苄三甲氯铵）	156.3	18	96
百毒杀（癸甲溴铵）	312.5	18	96

第五节　病死鸡无害化处理

病死鸡尸体如果处置不当，不仅会成为鸡疫病的重要传染源，还会造成严重的环境污染。因此，做好养殖病死鸡无害化处理既是保护和改善环境、维护社会公共卫生安全的需要，也是有效防控蛋鸡疫病发生、促进生产健康和可持续发展的需要。

目前，病死鸡尸体无害化处理主要有深埋法、焚烧法、发酵法、化制法等，因作用机理不同，处理效果、周期、成本及产品特性各有差异，可以根据养殖场情况选用。具体处理方法如下。

1. 填埋法　指在场区远离生产生活区处挖深埋坑掩埋病死鸡。特点是成本低，但病原体可能会污染地下水，甚至进入食物和动物饲料链中，尸体降解可能引来蚊虫。

深埋坑容积按每只鸡 0.093 米^{3}计算。深埋坑底应高出地下水位 1.5 米以上，且要防渗、防漏。掩埋前在坑底撒一层厚为 2～5 厘米的生石灰或漂白粉等。掩埋时将动物尸体及相关动物产品投入坑内，当死鸡填埋到距离坑口约 1 米时，撒上生石灰并用厚度不少于 1.2 米覆土将坑填平。

2. 焚烧法　指利用焚烧炉高温焚烧病死鸡。特点是处理后不会引来蚊虫，但设备投入和能源开支多。

焚烧前将病死鸡尸体投入至热解炭化室（温度≥600℃），在无氧情况下经充分热解，产生的热解烟气进入二燃室（温度≥850℃）继续燃烧，产生的固体炭化物残渣经热解炭化室（850℃以上停留时间≥2 秒）排出，降低至 600℃左右进入排烟管道，经过烟气净化系统处理达标后排放。

3. 发酵法　指利用发酵池或发酵罐对病死鸡尸体发酵处理。特点是操作简便、建造简单、生物安全隐患小、设施投入低、运行成本低，但发酵过程受外界环境影响大。

发酵池采用砖和混凝土或者钢筋和混凝土密封结构防渗防漏，顶部设置投掷口，并加盖密封；设置异味吸附、过滤等装置。投放病死鸡尸体前，应在发酵池底部撒一定量的生石灰。池底铺设 20 厘米厚辅料（稻糠、木屑、秸秆等混合物）。使用时，应对投入口进行密封，并对投入口、发酵罐及周围环境进行消毒。密闭发酵罐内尸体完全分解后，应清理残留物，将清理后的残留物焚烧或掩埋，彻底消毒后可重新激活发酵罐。

4. 化制法　指将病死鸡尸体放入化学机器中，在高温、高压等条件下，将其消化，转化为无菌水溶液和干物质骨渣，所有病原微生物均被去除。其特点是操作简单，杀菌效果好，处理周期短，不产生烟气，但易产生异味，化工系统产生的废液污水需二次处理，设备投资成本高。化制法处理工艺分为干化处理和湿化处理。

（1）干化处理　对病死鸡尸体进行破碎处理投入干化机，处理物中心温度≥140℃，压力≥0.5兆帕（绝对压力），时间≥4小时（具体处理时间随需处理动物尸体及相关动物产品或破碎产物种类和体积大小而设定）。加热烘干产生的热蒸汽经废气处理系统后排出，产生的残渣传输至压榨系统处理。

（2）湿化处理　将病死鸡尸体及相关动物产品或破碎产物送入高温高压容器，总量不得超过容器总承受力的4/5。处理物中心温度≥135℃，压力≥0.3兆帕（绝对压力），处理时间≥30分钟（具体处理时间随需处理动物尸体及相关动物产品或破碎产物种类和体积大小而设定）。高温高压结束后，对处理物进行初次固液分离。固体部分经破碎处理后，送入烘干系统；液体部分送入油水分离系统处理。

第六节　生物安全量化评价

我国禽类传染病流行态势复杂严峻，从切断传染源入手进行管控，将成为今后蛋鸡减抗养殖的重中之重，提升生物安全水平将在预防疾病、减抗的同时提升养殖效益。

一、建立生物安全的量化评价模型

开展规模化蛋鸡场生物安全量化评价，初步选定与规模化鸡场生物安全相关的 65 项指标，进一步通过问卷调查和专家讨论的方法，对所有指标进行筛选。根据问卷反馈结果和专家讨论意见，最终确定了 43 项生物安全评价指标。按照规模化鸡场的实际生产情况和疫病暴发的特点，按照层次分析法，将所有评价指标分为三层。第一层包括外部生物安全、内部生物安全和免疫程序 3 个一级准则，第二层包括传播媒介、场址、管理等 9 个二级准则，第三层为指标层，由 43 个指标构成（图 6-1）。利用层次分析法软件建立评价模型，构建判断矩阵，利用对比分析法，结合专家意见确定各个评价指标的权重，并对其权重值进行一致性指数（CI）检验和随机一致性比率（CR）检验。

规模化鸡场的生物安全评价指标分为 3 个方面，分别是外部生物安全、内部生物安全和免疫体系。外部生物安全占总体权重的 0.750 4，内部生物安全占总体权重的 0.078 2，而免疫体系占总体权重的 0.171 3。权重分析表明，控制外来病原的入侵和合理的免疫程序是目前规模化蛋鸡场预防疫病发生的关键点。

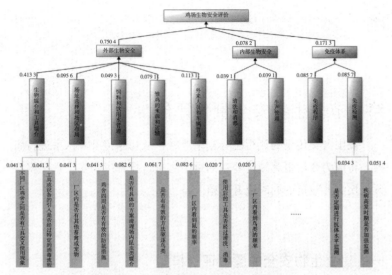

图 6-1　规模化鸡场生物安全权重分析

对规模化鸡场进行评估时，只需判断该鸡场是否达到指标要求，如果达到要求记为 Y，综合评分（GY）为所有肯定选项的加权权重值的和乘以 100，即 $GY=\sum_{Y}(w3\times w2\times w1)\times100$，此为该鸡场的生物安全评价得分，评分的高低表示鸡场的生物安全水平。根据综合评分的大小，将规模化鸡场的生物安全水平分为低、中、优三个级别。GY 值在 60 以下的生物安全防护水平低，在 60～80 之间的为中等水平，80 以上表示该规模化鸡场生物安全防护良好。养殖企业可根据 GY 值判断本场的防护水平，并及时针对薄弱环节进行改善。研究制定了规模化鸡场生物安全体系评价打分表，为规模化鸡场生物安全体系评价提供了科学依据。

二、生物安全量化评分表

蛋鸡养殖场生物安全量化评分见表 6-4。

表 6-4　蛋鸡养殖场生物安全量化评分表

类别	编号	具体内容及评分标准	分值	得分	扣分原因
必备条件	1	土地使用符合相关法律法规与区域内土地使用规划，场址选择符合《中华人民共和国畜牧法》和《中华人民共和国动物防疫法》有关规定			
	2	具有县级以上畜牧兽医主管部门备案登记证明，并按照《畜禽标识和养殖档案管理办法》要求，建立养殖档案			
	3	具有县级以上畜牧兽医主管部门颁发的《动物防疫条件合格证》，两年内无重大疫病和产品质量安全事件发生记录			
必备条件	4	种畜禽养殖企业具有县级以上畜牧兽医主管部门颁发的《种畜禽生产经营许可证》			
	5	有病死动物和粪污无害化处理设施设备或有效措施			
人员安全管理	1	有净化工作组织团队和明确的责任分工	2		
	2	全面负责疫病防治工作的技术负责人具有畜牧兽医相关专业本科以上学历或中级以上职称	3		
	3	全面负责疫病防治工作的技术负责人从事养禽业三年以上	2		
	4	建立了合理的员工培训制度和培训计划	3		
	5	有完整的员工培训考核记录	2		
	6	从业人员有健康证明	3		
	7	有1名以上获得《执业兽医资格证书》的本场专职兽医技术人员	3		
	8	场区入口安装有效的人员消毒设施	3		
	9	有严格的人员出入场区消毒及管理制度	2		
	10	人员出入场区消毒管理制度执行良好并记录完整	3		
	11	生产区入口安装有效的人员消毒、淋浴设施	3		
	12	有严格的人员进入生产区消毒及管理制度	3		

（续）

类别	编号	具体内容及评分标准	分值	得分	扣分原因
物资安全管理	1	制定了投入品（含饲料、兽药、生物制品）进场流程制度，执行良好并记录完整	3		
	2	饲料、药物、疫苗等不同类型的投入品分类储存，标识清晰	2		
	3	制定了废弃品的管理制度，执行良好并记录完整	3		
	4	生产记录完整，有日产蛋、日死亡淘汰、日饲料消耗、饲料添加剂使用记录	3		
	5	粪便及时清理、转运，存放地点有防雨、防渗漏、防溢流措施	3		
	6	有消毒剂配液和管理制度	3		
	7	定期筛选安全有效消毒剂，配置及更换记录完整	3		
车辆安全管理	1	场区入口安装有效的车辆消毒池和覆盖全车的消毒设施	2		
	2	有严格的车辆出入场区消毒及管理制度	3		
养殖环境的清洁与消毒管理	1	场区卫生状况良好，垃圾及时处理，无杂物堆放	3		
	2	能实现雨污分流	3		
	3	生产区具备有效的防鼠、防虫媒、防犬猫进入的设施或措施	3		
	4	场区内禁养其他动物，并有效防止其他动物进入措施	3		
	5	水质检测符合人畜饮水卫生标准	3		
	6	具有县级以上环保行政主管部门的环评验收报告或许可	2		
	7	人员进入鸡舍前消毒执行良好	2		
	8	栋舍、生产区内部有定期消毒措施且执行良好	3		
	9	采用按区或按栋全进全出饲养模式	2		
	10	合理的种蛋孵化入孵和出雏消毒程序	3		
	11	有单独的种蛋收集、储存库和种蛋消毒记录	3		

（续）

类别	编号	具体内容及评分标准	分值	得分	扣分原因
病死鸡管理	1	病死鸡剖检场所符合生物安全要求	2		
	2	建立了病死鸡无害化处理制度	3		
	3	病死鸡无害化处理设施或措施运转有效并符合生物安全要求	3		
	4	有完整的病死鸡无害化处理记录并具有可追溯性	2		
	5	无害化处理记录保存3年以上	3		
总分			100		

第七章
蛋鸡常用药物使用规范

第一节　蛋鸡合理用药技术

一、蛋鸡用药基本知识

1. 育雏开口药的合理运用　随着我国养殖业的不断发展，越来越多的养殖户在进鸡后给雏鸡的饮水中加入一些药物，以减轻雏鸡因长途运输、环境变化等因素造成的各种应激，提高雏鸡的成活率和抵抗力。但是雏鸡的生理特征决定了有些药物是不能或者不适合作为雏鸡开口药的。目前在实际养殖生产过程中，很多养殖户使用一种开口药或多种开口药同时使用，选药不规范也不科学，在雏鸡体内各个器官没有发育完全的情况下使用未经科学选用的药物必然会增加肝肾负担，从而影响小鸡的正常发育。育雏开口药的使用应遵循以下原则。

（1）选用对雏鸡比较安全的开口药，如营养类添加剂药物、微生态制剂类药物、中药的提取物等。目的是促进鸡体器官功能的发育和完善。

（2）开口药在使用时一定要现配现用，雏鸡饮水量比较少，有些开口药物在水中存在时间过长，有效成分会降低，要尽量做到"少加勤添"。

（3）最新的研究表明，在开口药中投喂恩诺沙星、氟苯尼考，会破坏雏鸡肠道正常菌群，引起后续沙门菌易感，因此，目前在规模蛋鸡养殖场，已建议少用抗生素类开口药。

2. 开产前投药规定　蛋鸡开产对于蛋鸡来说是非常关键的一个时间点，这个阶段应激反应大且应激发生较多，蛋鸡免疫力下降、抗病力弱，是母鸡从生长期进入产蛋高峰期的过渡阶段，如果管理不善，则会影响整个产蛋期的效益。为了避免抗生素在鸡蛋中残留，蛋鸡进入产蛋期后严禁使用抗生素。

蛋鸡开产前是相关法规中允许使用部分药物的最后一个阶段，在这个阶段使用药物要遵循如下原则。

（1）开产应激很大，很多鸡群在开产阶段容易发生疾病，开产前可投一些抗应激、提高抵抗力的药物如电解多维、中成药、转移因子等。

（2）针对一些转群开产后容易发生的疾病如滑液囊支原体病、沙门菌病等，可在转群开产前针对性地投药，药物在使用时必须计算好停药时间、药残时间和弃蛋期，避免鸡群开产后鸡蛋里有药物残留。

二、治疗用药的给药方式

1. 饮水给药　指将药物溶解到水中，让鸡只通过饮水摄取药物。在疾病发展过程中，患鸡食欲减退，而饮水欲望较强。故水溶性好的药物通过饮水给药较混饲效果更好。按照全天投药量把药物兑到4～6小时饮水量中使鸡只集中饮用；时间依赖型药物分上、下午两次饮用，即上午饮用2～3小时饮水量，下午饮用2～3小时饮水量；浓度依赖型药物上午分2次连续饮用，即先兑好2～3小时饮水量的药物应用后，再兑2～3小时饮水量的药物继续饮用，合计饮用4～6小时饮水量。目的是保证所有鸡只都能均匀地饮到

药物。例如，复方阿莫西林建议分上、下午两次饮用，每次饮用
2～3小时饮水量；恩诺沙星溶液建议上午分两次饮用，每次饮用
2～3小时饮水量。

常用抗生素药物分类见表7-1。

表7-1　常用抗生素药物分类

时间依赖型药物	浓度依赖型药物
β-内酰胺类抗生素，如青霉素类（氨苄西林、阿莫西林）、头孢菌素类 大环内酯类，如替米考星、酒石酸泰乐菌素、酒石酸泰万菌素	氨基糖苷类，如卡那霉素、新霉素、链霉素、庆大霉素、大观霉素
酰胺醇类，如氟苯尼考 四环素类，如多西环素、土霉素	氟喹诺酮类，如恩诺沙星
林可胺类，如克林霉素、林可霉素	硝基咪唑，如甲硝唑

对蛋鸡进行饮水给药时，应注意以下事项。

（1）饮水给药时，用药前要适当控水，冬季控水2小时，夏季
控水1小时。

（2）替米考星饮水给药时间应在6小时以上。因为此药物对蛋
鸡的毒性作用主要发生于心血管系统，短时间内高浓度饮用可引起
蛋鸡心动过速、心肌收缩力减弱，从而造成死亡。

（3）酸化剂、消毒剂等药物不可集中饮用。

2. 混饲给药　混饲给药是将药物均匀地混入饲料中，让鸡只
在采食的同时摄入药物。混饲给药适用于难溶于水的药物，包括各
种预混剂、中药粉剂等，在鸡群尚有食欲时可以采用。混饲给药时
药物应逐级稀释，可先用少量饲料预混，然后再扩充到饲料中混
匀，特别是一些用量小或毒性大的药物，更要与饲料进行逐级混匀
避免中毒。

3. 气雾给药　指采用气雾发生器，使药物雾化，以一定直径

的液体小滴或固体微粒弥散到空气中，使鸡只在呼吸的同时摄入药物。气雾给药一般用于治疗鸡的呼吸道疾病。气雾给药时要注意如下事项。

（1）在通风情况下进行气雾给药时，大量雾滴随风排出鸡舍，会降低效果。因此进行气雾给药时必须关闭门窗及排风扇，喷完药物 15～20 分钟后才能开启排风扇及应急窗。

（2）舍内比较理想的温度是 18～24℃。温度过高时，雾滴蒸发过快，会减少鸡群吸入的药物量，而不能达到理想的效果，并造成药物的浪费。在炎热季节用药时，应选择早晨或晚上比较凉爽时进行，或采取降温措施后用药。舍内相对湿度应在 70% 左右，湿度越低，药物蒸发越快，产生的效果越差。湿度低时，应先喷水，增加湿度。

（3）灰尘会黏附于雾滴上而进入鸡呼吸道，不但会降低药物效果，还会引起鸡的呼吸道疾病。因此，舍内干燥而灰尘多时，在进行喷雾免疫前半小时应先喷水，喷水应喷成雾状，喷至距地面 1.7 米左右的空中，既可沉降舍内空气中的灰尘，还能提高舍内湿度、降低药物雾滴的蒸发速度，使药物可以产生更好的效果。

（4）气雾的粒径应控制在 1～10 微米之间，要求药物对呼吸道黏膜无刺激性。

4. 注射给药　注射给药是将药物制剂单独或与油苗混合以后通过皮下或者肌内注射的方式使鸡只摄取药物。注射给药具有疗效快、药量准确等优点，尤其是在鸡群食欲和饮欲不好的情况下，更适合注射给药。注射给药时要注意以下事项。

（1）药物必须是注射液或溶解性较好的可以用于注射的粉剂。与油苗混合注射的药物应该是油乳剂或者可以配成油乳剂，保证药物与油苗混合均匀。

（2）为避免交叉感染，注射给药时应定时换针头。

第二节　蛋鸡场常用化学药物

一、食品动物允许使用药物清单

现有的《食品安全国家标准　食品中兽药最大残留限量》（GB 31650—2019）国家标准中，把药品分为了 4 类，如表 7-2 所示。此标准与国际上的相关标准涉及类别在逐步接近，从 2020 年 4 月 1 日起开始实施。

表 7-2　食品中兽药类别、数量

类别	药品种 （类）	蛋禽涉及种 （类）
已批准动物性食品中最大残留限量规定的兽药	104	17
允许用于食品动物，但不需要制定残留限量的兽药	154	92
允许作治疗用，但不得在动物性食品中检出的兽药	9	8
食品动物中禁止使用的药品及其他化合物清单	21	0

二、食品动物禁止使用兽药及化合物清单

实行禁用清单制度是世界各国的通行做法，这既是规范养殖环节用药行为的需要，更是维护动物源性食品安全和公共卫生安全的需要。

为进一步规范养殖用药行为，保障动物源性食品安全，根据《兽药管理条例》有关规定，农业农村部 2019 年 12 月 27 日发布食

品动物中禁止使用的药品及其他化合物清单（表7-3）。

表7-3　食品动物中禁止使用的药品及其他化合物清单

序号	药品及其他化合物名称	序号	药品及其他化合物名称
1	酒石酸锑钾（Antimony potassium tartrate）	12	孔雀石绿（Malachite green）
2	β-兴奋剂（β-agonists）类及其盐、酯	13	类固醇激素：醋酸美仑孕酮（Melengestrol Acetate）、甲基睾丸酮（Methyltestosterone）、群勃龙（去甲雄三烯醇酮）（Trenbolone）、玉米赤霉醇（Zeranol）
3	汞制剂：氯化亚汞（甘汞）（Calomel）、醋酸汞（Mercurous acetate）、硝酸亚汞（Mercurous nitrate）、吡啶基醋酸汞（Pyridyl mercurous acetate）	14	安眠酮（Methaqualone）
4	毒杀芬（氯化烯）（Camahechlor）	15	硝呋烯腙（Nitrovin）
5	卡巴氧（Carbadox）及其盐、酯	16	五氯酚酸钠（Pentachlorophenol sodium）
6	呋喃丹（克百威）（Carbofuran）	17	硝基咪唑类：洛硝达唑（Ronidazole）、替硝唑（Tinidazole）
7	氯霉素（Chloramphenicol）及其盐、酯	18	硝基酚钠（Sodium nitrophenolate）
8	杀虫脒（克死螨）（Chlordimeform）	19	己二烯雌酚（Dienoestrol）、己烯雌酚（Diethylstilbestrol）、己烷雌酚（Hexoestrol）及其盐、酯
9	氨苯砜（Dapsone）	20	锥虫砷胺（Tryparsamile）
10	硝基呋喃类：呋喃西林（Furacilinum）、呋喃妥因（Furadantin）、呋喃它酮（Furaltadone）、呋喃唑酮（Furazolidone）、呋喃苯烯酸钠（Nifurstyrenate sodium）	21	万古霉素（Vancomycin）及其盐、酯
11	林丹（Lindane）		

对列入本次禁用清单的品种，农业农村部组织中国兽药典委员会进行了全面分析。对遴选确定列入禁用清单的药品品种有严格要求，防范食品安全或公共卫生安全风险是首要基本原则，列入禁用清单的品种均为已证实危害人类健康或存在较大食品安全风险和公共卫生安全风险的品种。目前国际上也都是遵循上述原则制定食品动物中的药品禁用清单。农业农村部依据的遴选原则是：有明确或可能致癌、致畸作用且无安全限量的化合物；有剧毒或明显蓄积毒性且无安全限量的化合物；是性激素或有性激素样作用且无安全限量的化合物；是非临床必须使用且无安全限量的精神类药物，如安眠酮；是对人类极其重要、一旦使用可能严重威胁公共卫生安全的药物，如万古霉素。

　　双甲脒、非泼罗尼等品种未列入本次禁用清单，主要原因是，目前国家已经制定了双甲脒在动物性食品中的最大残留限量标准（该品种可用于家畜、蜜蜂，鱼类禁用，在质量标准和说明书中明确对鱼类的安全警示即可），以及非泼罗尼在动物组织、鸡蛋和牛奶中的最大残留限量标准，上述品种无须列入禁用清单。某些药物和化合物，如克伦特罗、己烯雌酚、丙酸睾酮，若在动物养殖中使用虽可促进动物生长、提高瘦肉率、提高饲料报酬等，但有确切资料证实，这些药物存在致癌性、遗传毒性或能引起人体机能紊乱，对人体健康危害很大，故将其列入禁用清单。

三、抗微生物药物

　　抗微生物药物是指对细菌、真菌、病毒、支原体、立克次体、螺旋体等病原微生物具有抑制作用或杀灭作用的一类药物，包括抗生素和人工合成的抗菌药。

　　1. 理想抗微生物药特点

（1）对病原微生物具有高度的选择性。

（2）对机体安全无毒。

（3）有良好的药动学特点。

（4）细菌不易对其产生耐药性。

（5）效果好、使用方便及价格低廉。

2. 抗微生物药的常用术语

（1）抗菌谱　指药物能够抑制或杀灭病原微生物的种类，也称抗菌范围，为临床选择用药的基础。

①广谱抗菌药　对多种不同种类的微生物有抑制或杀灭作用，如四环素类、氟喹诺酮类等。

②窄谱抗菌药　仅对某一类微生物有效，如青霉素主要对 G^+ 菌有效、链霉素则主要作用于 G^- 菌。

（2）抗菌活性　指抗菌药物抑制或杀灭病原微生物的能力，可用体外抑菌试验和体内试验治疗法测定。体外抗菌活性的测定对临床用药具有重要参考意义。常用以下两种方式表示。

①最低抑菌浓度　能够抑制培养基内细菌生长的最低药物浓度为最低抑菌浓度。

②最低杀菌浓度　使活菌总数减少 99％或 99.5％以上的最低药物浓度称为最低杀菌浓度。

（3）抗菌后效应　指停药后，抗生素在机体内的浓度低于最低抑菌浓度或被机体完全清除，但细菌在一段时间内仍处于持续受抑制状态。

（4）耐药性　又称抗药性，是指长期应用抗菌药物治疗病原菌感染后，可使病原菌发生基因突变，对药物的敏感性下降甚至消失的现象。

病原微生物的耐药性可分为天然耐药性和获得耐药性。天然耐药性，又名突变耐药性，是细菌的遗传基因产生突变导致对一种或两种相类似的药物耐药，且较稳定，其产生和消失与药物接触无关，如绿脓杆菌对大多数抗生素均不敏感。获得耐药性，即通常所指的耐药性，是指病原微生物在反复接触药物后产生了结构或功能的改变，成为对该抗菌药具有抗性的菌株。某种病原菌对一种药物产生耐药性后，易对同一类的药物也具有耐药性，这种现象称为交叉耐药性。细菌耐药性的产生是抗菌药物在兽医临床应用中面临的一个严重问题，也是临床治疗失败的主要原因之一。不合理的用药方式会使得细菌耐药性快速发展，继而缩短抗菌药物的临床使用寿命。反之，合理规范地应用抗菌药物不仅可以延缓细菌耐药性的发生，甚至可以使产生耐药性的细菌重新恢复对抗菌药物的敏感性。

3. 治疗用药严格掌握适应证　不同品种的抗生素具有不同的治疗对象、特定的使用途径和合理的使用剂量，因此在选用抗微生物药物时需要紧密结合临床诊断、致病微生物的种类及其对药物的敏感性，选择对病原微生物高度敏感、临床疗效好、不良反应较少的药物。

4. 避免耐药性的产生　病原菌产生耐药性而使药物失效是抗菌治疗中一个大问题。为防止耐药菌株的产生和传播，应注意以下几个方面。

（1）要严格掌握药物的适应证，不滥用抗菌药物。

（2）剂量要充足，疗程要适当。

（3）病因不明情况下，不要轻易应用抗菌药物。

（4）必要时可采取联合用药，尤其是严重感染和有一定耐药性的细菌引起的感染。

（5）尽量避免抗菌药物的局部应用和预防性给药。

5. 抗菌药的联合应用　不同抗菌药物之间的相互配合应用，必须按照一定的规则配伍，才能发挥其应有效果。任何药物的滥用都会带来生产成本的增加，带来药物在食品中的残留，造成人体内微生物的耐药性增加，危害人类的健康。

根据抗菌药物的作用特点，目前一般将抗菌药物分为四大类型，配伍要求也不同，具体见表 7-4 所示。

表 7-4　抗菌药物的联合应用

类别	代表药物	联合用药类型	举例	作用机理
繁殖期杀菌剂（Ⅰ）	青霉素类、头孢菌素类等	与Ⅱ类联合应用可呈协同作用	青霉素和氟喹诺酮类合用	前者将细菌细胞壁的完整性破坏，使得后者易于进入细胞内发挥作用
静止期杀菌剂或慢效杀菌剂（Ⅱ）	氨基糖苷类、氟喹诺酮类、多肽类等	与Ⅲ类合用，可呈相加或协同作用	大观霉素和林可霉素复方制剂	二者可分别作用于细菌核糖体 30S 亚基和 50S 亚基
快效抑菌剂（Ⅲ）	四环素类、酰胺醇类、大环内酯类等	与Ⅰ类联合应用可能出现拮抗作用	青霉素与四环素类合用	后者迅速抑制蛋白质合成而使细菌处于静止状态，造成青霉素活性减弱

同类型抗菌药物也可考虑合用，如四环素和红霉素联用等。作用机理或方式相同且毒性较大的药物，不宜合用，以免增加毒性。此外，在联合用药中也要注意在相互作用中的理化性质、药效学、药动学等方面因素，避免可能出现的配伍禁忌。

目前在蛋鸡养殖应用中已获肯定的联合用药组合如下。

①林可霉素＋大观霉素　林可霉素为林可胺类抗生素，对革兰氏阳性菌有较强抗菌作用，大观霉素为氨基糖苷类抗生素，对革兰氏阴性菌有较好疗效。上述两种抗生素合用，其药效药动特征互不干扰，可扩大抗菌谱，对混合感染，包括鸡呼吸道疾病等具有较好效果。

②阿苯达唑＋伊维菌素　阿苯达唑为苯并咪唑类衍生物，为广谱驱虫剂；伊维菌素为大环内酯类抗生素阿维菌素的衍生物，其杀虫活性异常突出，杀虫谱广，特别是对节肢昆虫和体内线虫有较强杀灭作用，但伊维菌素对绦虫和吸虫杀灭作用欠佳，因此采用阿苯

达唑＋伊维菌素联合给药（比例为50：1）可以加强对体内和体外各种寄生虫的驱杀作用。

③泰万菌素＋氟苯尼考　泰万菌素为最新一代动物专用大环内酯类药物，相对其他大环内酯类药物，其药效有了显著提升，对鸡支原体感染有独到疗效。而氟苯尼考对畜禽呼吸道和消化道感染疾病具有良好疗效。

④其他常见的联合用药方案　如泰妙菌素与金霉素联用于鸡败血支原体治疗。

四、抗寄生虫药物

畜禽寄生虫是感染率高且危害严重的一类传染病。一些寄生虫通过虫体的寄生，夺取寄主营养，造成宿主组织损伤，使宿主动物的饲料利用率及生产性能下降，甚至导致动物大批死亡。

1. 抗寄生虫药物分类　抗寄生虫药物根据其抗虫作用和寄生虫分类的不同，可分为以下几类。

（1）抗蠕虫药亦称驱虫药　根据蠕虫种类又可分为抗线虫药、抗吸虫药和驱绦虫药。

（2）抗原虫药　根据原虫种类可分为抗球虫药、抗锥虫药、抗滴虫药和抗焦虫（梨形虫）药等。

（3）杀虫药　对外寄生虫具有杀灭作用的药物称为杀虫药，分为杀昆虫药和杀蜱、螨药。

2. 抗寄生虫药物的耐药性　寄生虫的耐药性一般是指寄生虫与药物多次接触后，对药物的敏感性下降甚至消失，致使药物对抗药寄生虫的疗效降低或无效，直接影响着寄生虫病的治疗效果。

耐药性产生的因素主要有以下四个方面。

（1）分子变化影响药物在细胞内作用部位的积聚（减少摄入量、增加主动泵出和代谢）。

（2）改变寄生虫酶系统的活性。

（3）改变细胞药物受体的数量、结构、亲和性。

（4）扩增靶基因以克服驱虫药的作用。

因此，在用药时，应定期轮换使用几种抗寄生虫药物，尽可能避免寄生虫产生耐药性；同时要控制好药物的剂量和疗程，剂量过大会造成动物中毒，剂量不足会因虫体产生抗性选择压力而易产生耐药性。

3. 抗寄生虫药物分类介绍

（1）抗蠕虫药　寄生在禽体内的蠕虫有很多种，其中以线虫危害最大，抗线虫的代表药物见表 7-5。

表 7-5　抗线虫药特点及代表药物

类别	特点	代表药物
抗线虫药	线虫病种类繁多，占蠕虫病的一半以上	阿苯达唑、氧苯达唑、左旋咪唑、伊维菌素、阿维菌素、多拉菌素、越霉素 A 和潮霉素 B、碘硝酚等

（2）抗原虫药　抗原虫药主要包括抗球虫药、抗锥虫药、抗梨形虫药、抗滴虫药四大类。其中鸡、兔、牛和羊的球虫病危害最大，不仅流行广，还可致大批畜禽死亡，以下主要介绍鸡球虫病分类及相应药物。

①鸡球虫病的分类　近 20 年来，球虫病引起的鸡大量死亡已得到有效控制，但球虫感染导致的生产性能下降仍对养禽业产生巨大危害。球虫病是寄生虫寄生于鸡胆管或肠道上皮细胞的一种原虫病，病鸡以消瘦、贫血、腹泻、便血为主要临床特征。其中柔嫩艾美耳球虫主要寄生于盲肠，常见且致病力最强；毒害艾美耳球虫主要寄生于鸡小肠中段；堆型艾美耳球虫主要寄生于鸡小肠前段；巨型艾美耳球虫主要寄生于鸡小肠中段；多种动物都可感染球虫病，

鸡球虫病的分类见表 7-6。

表 7-6　鸡球虫病的分类

球虫种类	寄生位置	病理变化	易感日龄
柔嫩艾美耳球虫	盲肠和邻近的肠道组织	病变盲肠外观出现暗红色的淤血点	14～16 日龄的鸡易感
毒害艾美耳球虫	第一、二代裂殖生殖在鸡小肠，第三代裂殖生殖和配子生殖在盲肠	病鸡小肠比正常体积肿大两倍，引起肠壁扩张、增厚、坏死及出血等病变	9～14 周龄青年母鸡
巨型艾美耳球虫	寄生于小肠中段，从十二指肠袢以下直到卵黄蒂，严重感染时，病变可能扩散到整个小肠	引起肠壁增厚，带血色的黏液性渗出物，肠道出血等病变	产蛋鸡易感
堆型艾美耳球虫	寄生于十二指肠袢，严重感染时，病变可能扩散到整个小肠	引起肠壁增厚和病灶融合，常与魏氏梭菌混合感染引起坏死性肠炎	较大日龄的鸡易感
布氏艾美耳球虫	主要寄生于小肠下段，通常为自卵黄蒂到盲肠连接处	有一定致病力，能够引起卡他性炎症和肠道点状出血	能感染任何日龄的鸡
早熟艾美耳球虫	寄生于十二指肠和小肠前段	致病性弱，一般不引起明显的病变，仅出现黏液性渗出物	未查明
和缓艾美耳球虫	寄生于小肠下段，自卵黄蒂到盲肠连接处	致病力较低，可能引起肠黏膜的卡他性炎症	未查明
变位艾美耳球虫	主要寄生于十二指肠袢至盲肠和泄殖腔，自卵黄蒂到盲肠连接处	有一定致病力，轻度感染时，肠道黏膜上会出现单个的、包含卵囊的斑块，严重感染时可能出现集中的或散在的斑点	未查明
哈氏艾美耳球虫	寄生于小肠前段	可引起十二指肠和小肠出血、卡他性炎症、含水样肠容物，具有中等程度的致病力	未查明

②抗球虫药的分类 不同药物作用峰期（指药物对球虫发育起作用的主要阶段）各不相同。作用于一代无性增殖的药物，如氯羟吡啶、离子载体抗生素等，预防性强，但不利于动物形成对球虫的免疫力。作用于第二代裂殖体的药物，如尼卡巴嗪、托曲珠利、二硝托胺，既有治疗作用又不影响蛋鸡抗球虫免疫力的形成。

代表性抗球虫药介绍：主要抗球虫药物的分类、作用特点、缺点、优点和中国兽药标准中收录情况如表 7-7 所示。

表 7-7 抗球虫药物的分类

药物分类	作用特点	缺点	优点
三嗪类	地克珠利作用峰期为感染后 1～4 天	地克珠利药物作用时间短，必须连续用药，耐药较为普遍	地克珠利抗球虫指数（ACI）高，达 189.6 抗球虫谱广，疗效显著，不会影响对球虫免疫力的产生
聚醚类离子载体抗生素类	主要作用于球虫子孢子及第一、二代裂殖子，作用峰期为感染后 2～4 天	药物之间存在交叉耐药性，影响免疫力的产生，对家禽毒性都比较大，使用时一定要严格控制给药剂量，防止发生药物中毒	抗球虫谱广，耐药性出现较慢
吡啶类	主要作用于球虫的子孢子阶段，其作用峰期是子孢子期即感染后第 1 天	本品能抑制蛋鸡对球虫免疫力的产生，停药过早往往会导致球虫病暴发，易产生耐药性，主要预防球虫，与喹诺啉交叉耐药	对离子载体类耐药的球虫，更换本品仍有效
苯脲类	作用于第二代裂殖体，对球虫的作用高峰期在感染后的第 4 天，感染后 48 小时用药，能完全抑制球虫的发育	对雏鸡有潜在生长抑制效应	不影响鸡对球虫免疫力的产生，且对鸡有促进生长作用，最不易产生耐药性

（续）

药物分类	作用特点	缺点	优点
胍类	对球虫裂殖体、配子体以及卵囊等阶段都有作用	耐药性产生很快，生产成本高、长期使用可使肉、蛋产品带异臭味	不影响鸡对球虫免疫力的产生
抗硫胺素类	主要作用于第一代裂殖体，阻止其形成裂殖子，对有球虫的性繁殖和子孢子有一定的抑制作用	若给药过多，易造成维生素 B_1 缺乏症	高效、安全、不易引起球虫耐药性
植物碱类	主要作用于第一代和第二代的裂殖体，作用峰期为感染后 2~5 天	未查明	不易产生耐药性，不影响机体免疫力的产生，用药后无药物残留
喹啉类	对球虫的子孢子和滋养体有强烈的抑制作用，而且对发育中的第一代裂殖体有杀灭作用，对卵囊的孢子化过程亦有抑制作用，作用峰期为球虫感染后的第 1 天	口服不易吸收，能明显抑制宿主机体对球虫产生免疫力，因此要在肉鸡整个生长周期连续应用，极易产生耐药	可用于预防由各种球虫引起的鸡球虫病

注：抗球虫指数（ACI）是指球虫疫苗或抗球虫药物对防治球虫的效果。目前各国或各个公司没有统一的标准，大多按如下公式计算：ACI＝（相对增重率＋存活率）－（病变值＋卵囊值），ACI≥180 判为敏感，160≤ACI＜180 为良好，120≤ACI＜160 为差，ACI＜120 为无效。

目前我国使用球虫药，常以各种化学合成药作为防治球虫轮换或穿梭用药方案中的替换药物。

4. 杀虫药 杀虫药指能杀灭鸡只体表外寄生虫，从而防治由这些外寄生虫所引起的皮肤病的一类药物。由蜱、螨、蚊、蝇、虻、虱、蚤等节肢动物引起的外寄生虫病，能直接危害动物机体，可引起贫血、生长发育受阻、饲料利用率降低。

（1）菊酯类杀虫剂　一类模拟天然除虫菊酯化学结构的合成杀虫剂，具有杀虫高效、速效、广谱等特点。对人畜毒性低，残留量少。但易产生抗药性，对天敌的选择性差。无内吸作用，对螨类药效不高。

①溴氰菊酯　该药是目前菊酯类杀虫剂中毒力最高的一种杀虫剂。用作灭蚊、蝇、蟑螂、虱、蜱等，也用于栏舍内杀虫。该药杀虫谱广，杀虫效力强。具有触杀和胃毒作用，无熏蒸与内吸作用。药物持效期为 7～12 天。

注意事项：对人的皮肤、黏膜、眼睛、呼吸道有较强刺激性，沾上皮肤会出现红色丘疹；对鱼、虾、蜜蜂、家蚕毒性较大；不可专门用作杀螨剂。

②氰戊菊酯　该药对螨、虱、蚤、蜱、蚊、蝇、虻等有良好的杀灭作用。杀虫效果强，作用快。以触杀为主，兼有胃毒和趋避作用。可用于杀灭环境、栏舍内昆虫。尤其对有机磷敏感动物（如鸡）使用安全。

注意事项：配制时水温以 12℃ 为宜，25℃ 时会降低药效，50℃ 则失效；治疗体表寄生虫时，应保证动物被毛、羽毛被药液充分浸透；使用过程中如药液溅到工作人员皮肤，应立即用肥皂清洗；该药对蜜蜂、鱼、虾、家蚕毒性高。

菊酯药物由于药效快，体表寄生虫有复苏的可能，且有皮肤黏膜刺激性等缘故，一般多用于鸡体表寄生虫的杀灭。

（2）其他杀虫药　双甲脒　该药是一种广谱杀虫药，对各种螨、蜱、蝇、虱等均有效。主要为接触毒，兼有胃毒和内吸毒作用，也有一定的驱避作用和熏蒸作用。杀虫作用较慢，用药后 24 小时才能使虱、蜱等从鸡只体表掉落，48 小时使螨从患病皮肤自行松动掉落，不像拟除虫菊酯般快速击倒虫体（有可能复苏），而是彻底杀灭。残效期长，可维持药效 6～8 周。对人、畜安全，对蜜蜂、鸟类低毒。

五、其他常用药

1. 常用解毒药　发现蛋鸡中毒，应先让中毒鸡只充足饮水、使其安静，并在饮水中添加 5‰ 维生素 C 和 5％ 葡萄糖，以达到抗氧化、补充能量的目的；根据饮水情况可以按 1‰ 比例添加硫酸钠。对中毒时间稍长者，还要灌服高品质多维，以尽快解毒。

需使用药物救治时，可分为以下几种不同药物中毒情况。

①有机氯中毒　可用每毫升含 2.5 毫克的硫酸阿托品溶液肌注，并服 1‰～2‰ 石灰水或稀盐水。

②碱性物质中毒　可用稀盐酸或食醋中和解毒；生物碱中毒，可用 0.2％ 高锰酸钾将毒物氧化解毒。

2. 消毒药　消毒防腐药为消毒药与防腐药的总称，是指具有杀灭病原微生物或抑制其生长繁殖的一类药物。此类药物无明显的抗菌谱和作用选择性，在临床应用达到有效浓度时，对机体组织也有一定损伤作用，一般不用于全身给药。

消毒剂也有毒副作用，近年来消毒防腐药的正确使用已成为世界各国普遍关注的问题。随着大规模畜禽养殖业的发展，不断出现一些高效、广谱、低毒且刺激性和腐蚀性较小的新型消毒防腐药，过去曾被视为低毒或无毒的某些消毒药，近年来却发现在一定条件下（如长期使用等）仍然具有相当强的毒、副作用。另外，频繁使用环境消毒药对生态环境的污染和危害作用、对操作人员的安全和药物残留对食品安全的影响，也成为公共卫生研究人员关注的问题。

（1）理想消毒药的条件

①抗菌范围广、活性强，在体液、脓液、坏死组织等有机物存在下仍能保持抗菌活性。不受温度、pH 等因素影响，可与洗涤剂

配伍使用。

②见效快，溶液有效寿命长。

③具有脂溶性高、分布均匀的特点。

④对人和动物安全，防腐剂不应对组织有毒或阻碍伤口愈合。

⑤药物本身应无臭、无色，性质稳定，易溶于水。

⑥无易燃性和爆炸性。

⑦对金属、橡胶、塑料、服装等无腐蚀作用，便于运输、储存和应用。

⑧便宜且容易获得。

目前对于消毒防腐药的效力主要根据其对革兰氏阳性菌、革兰氏阴性菌、芽孢、分枝杆菌、无囊膜病毒和囊膜病毒的杀灭作用来测定。与此同时，从其作用时间的长短、是否具有局部毒性或全身毒性、是否易被有机物灭活、是否污染环境和价格等几方面来判断其实用性。

（2）不同消毒剂的优点和不足　临床常用消毒剂类别、代表产品、优缺点如表7-8所示。

表7-8　不同成分消毒剂优缺点

有效成分	代表产品	优点	缺点
季铵盐	苯扎溴铵、癸甲溴铵等	作用快速且稳定，对亲脂性病毒有一定的杀灭效果	对芽孢和亲水性病毒效果差；有机物存在时效果很差
醛类	甲醛、戊二醛	消毒谱广，对细菌繁殖体、芽孢、病毒均有强大的杀灭作用	浓度高时毒性强，对皮肤黏膜有较强刺激，温度低时效果差；pH会影响效果
酸类	无机酸（盐酸、硫酸等）、有机酸	消毒谱广，具有强大的杀菌、杀芽孢和杀病毒作用	有一定腐蚀性，碱性环境中消毒效果差

（续）

有效成分	代表产品	优点	缺点
碱类	火碱（氢氧化钠）、生石灰（氧化钙）	消毒谱广，对寄生虫卵有一定杀灭效果	腐蚀性强，易造成严重的环境污染
醇类	乙醇等	快速、无毒、无腐蚀性、无残留，能杀灭繁殖型细菌和亲脂性病毒	抗菌所需有效浓度较高，对芽孢无效
过氧化物	过氧乙酸、过硫酸氢钾等	消毒谱广，杀病毒能力强，对细菌繁殖体及芽孢亦有效，并可分解为无毒成分	易分解、不稳定，抗有机物能力差且有较强腐蚀性
含碘化合物	碘伏	消毒谱广，对细菌芽孢、病毒、原虫都有杀灭作用，性质稳定，毒性低	用量大，失效快，有机物存在时效差
含氯类	漂白粉、次氯酸钠	对细菌繁殖体、芽孢、病毒都有效	刺激性强，易挥发
表面活性剂	新洁尔灭	杀菌能力强，无腐蚀、刺激性和漂白性，易溶于水，适合碱性和中性环境	在酸性介质中效果大减

（3）常见消毒剂的适用范围 常见消毒剂的代表产品和主要作用对象见表7-9。

表7-9 常见消毒剂的适用范围

代表产品	主要作用对象
苯扎溴铵、癸甲溴铵等	对致病性大肠杆菌、沙门菌、多杀性巴氏杆菌、链球菌、嗜血杆菌等常见细菌有效；对部分亲脂性病毒也有一定的效果
甲醛、戊二醛	对大肠杆菌、沙门菌、链球菌、支原体、放线杆菌等有效；对常见病毒有效

（续）

代表产品	主要作用对象
无机酸（盐酸、硫酸等）、有机酸	pH 小于 4.0 时，可杀灭流行性腹泻病毒、乙型脑炎病毒；pH 小于 4.0 时，对常见致病菌均能快速杀灭
氢氧化钠、氧化钙	pH 大于 12 时，可杀灭流行性腹泻病毒、乙型脑炎病毒；pH 大于 10 时，可杀灭大部分常见致病菌
乙醇等	对大肠杆菌、沙门菌、链球菌、支原体、放线杆菌均能有效杀灭；对亲脂性病毒有效
过氧乙酸、过硫酸氢钾等	对常见病毒有效，对细菌作用较差
碘伏	对常见病毒、细菌皆有杀灭效果
漂白粉、次氯酸钠	对常见病毒、细菌皆有杀灭效果
季铵盐络合戊二醛等	对常见病毒、细菌皆有杀灭效果，对细菌效果更好

3. 兽用生物制品　此类生物制品是指应用微生物、微生物代谢产物、原虫、动物血液或组织等，经加工制成后，可作为预防、治疗诊断特定传染病或其他有关疾病的免疫制剂。蛋鸡场常用的生物制剂包括疫苗、免疫血清、诊断制品等。

（1）疫苗　根据制备方法和原料不同，疫苗分为灭活疫苗、活疫苗和类毒素。

①灭活疫苗　选择抗原性强的菌（毒）种，经过大量培养，采用物理和化学方法灭活，通常加入免疫佐剂，以提高蛋鸡自身免疫力。

②活疫苗　又称减毒疫苗，分为同源减毒疫苗和异源减毒疫苗。异源减毒疫苗只占活疫苗的很小一部分。与灭活疫苗相比较而言，活疫苗的优点是用量小，免疫原性好，免疫产生快，免疫期长，不需要佐剂；缺点是因为是活的微生物，所以免疫时有一定的危险性，

需低温冷冻保存。而灭活疫苗的优点是生产方便、使用安全、易于储存；缺点是使用剂量大，免疫效果通常不如活疫苗，必须加入适当的佐剂以增强免疫效果。

③类毒素 类毒素是用一定浓度的甲醛处理细菌外毒素使其解毒而制成的生物制品。类毒素虽然失去了毒性，但仍保留了良好的抗原性，更稳定。盐析后加入适量氢氧化铝胶，成为吸附精制类毒素，可延缓其在蛋鸡体内的吸收，使免疫效果更持久。

(2) 免疫血清 又称高免疫血清，是指动物用同一种抗原物质反复免疫后，机体血清中产生大量特异性抗体，取血分离血清。主要用于治疗和紧急预防。血清注入体内后，可立即发挥抗病作用。但是，这种免疫力只能维持很短的时间，通常为2～3周。

(3) 诊断制品 是指由微生物、寄生虫及其代谢物或含有其特异性抗体的血清制成的生物制品，专门用于传染病、寄生虫病或其他疾病的诊断和机体免疫状态的诊断。诊断液包括诊断抗原和诊断抗体（血清）。

第三节 常用中兽药

一、中兽药常用药材药性

1. 黄芪 为豆科植物蒙古黄芪 *Astragalus membranaceus* (Fisch.) Bge. var. *mongholicus* (Bge.) Hsiao 或膜荚黄芪 *Astragalus membranaceus* (Fisch.) Bge. 的干燥根。

【功能】补气升阳，益卫固表，利水消肿，托毒排脓，敛疮生肌。

【主治】脾肺气虚、食少倦怠、气短、泄泻等。

2. 甘草　为豆科植物甘草 *Glycyrrhiza uralensis* Fisch.、胀果甘草 *Glycyrrhiza inflata* Bat. 或光果甘草 *Glycyrrhiza glabra* L. 的干燥根及根茎。

【功能】补脾益气，祛痰止咳，和中缓急，解毒，调和诸药，缓解药物毒性、烈性。

【主治】疮痈肿痛，咽喉肿痛，中毒等。

【禁忌】不宜与京大戟、甘遂、芫花、海藻同用。

3. 金银花　为忍冬科植物忍冬 *Lonicera japonica* Thunb. 的干燥花蕾或带初开的花。夏初花开放前采收，干燥。

【功能】清热解毒，疏散风热。

【主治】外感风热，热毒泻痢，热毒痈肿。

4. 黄芩　为唇形科植物黄芩 *Scutellaria baicalensis* Georgi 的干燥根。切片生用或酒炒用。

【功能】清热燥湿，泻火解毒，止血。

【主治】湿热泻痢，外感风热或肺热咳嗽，热毒疮黄，湿热黄疸等。

5. 柴胡　为伞形科植物柴胡 *Bupleurum chinense* DC. 或狭叶柴胡 *Bupleurum scorzonerifolium* Willd. 的干燥根。前者习称"北柴胡"，后者习称"南柴胡"。切片生用或醋炒用。

【功能】发表和里，升阳，舒肝。

【主治】寒热往来，肝脾不和所致食欲减退，腹痛腹泻等。

6. 葛根　为豆科植物野葛 *Pueraria lobata*（Willd.）Ohwi 的干燥根。切片，晒干。生用或煨用。

【功能】解肌退热，生津，透疹，升阳止泻。

【主治】外感表热证、表寒证，热病伤津，湿热泻痢，脾虚泄泻等。

7. 益母草　为唇形科植物益母草 *Leonurus japonicus* Houtt. 的新鲜或干燥地上部分。切碎生用。

【功能】活血通经，利尿消肿。

【主治】水肿尿少等。

8. 川芎　为伞形科植物川芎 *Ligusticum chuanxiong* Hort. 的干燥根茎。切片生用或炒用。

【功能】活血行气，祛风止痛。

【主治】风湿痹痛等。

9. 陈皮　为芸香科植物橘 *Citrus reticulata* Blanco 及其栽培变种的干燥成熟果皮。生用或炒用。

【功能】理气健脾，燥湿化痰。

【主治】脾胃气滞所致的食欲减少、肚腹胀满、泄泻及痰湿壅滞所致的气逆喘咳等。

10. 板蓝根　为十字花科植物菘蓝 *Isatis indigotica* Fort. 的干燥根。切片生用。

【功能】清热解毒，凉血利咽。

【主治】外感风温时疫，热毒斑疹、丹毒、血痢肠黄，咽喉肿痛、口舌生疮等。

二、常用中药方剂使用规范

1. 辛温解表药　主要由麻黄、桂枝、荆芥、防风等辛温解表类药味组成，具有较强的发汗散寒作用，适用于外感风寒引起的表寒证。代表药物为：荆防败毒散。

荆防败毒散

【主要成分】荆芥、防风、羌活、独活、柴胡等。

【性状】本品为淡灰黄色至淡灰棕色的粉末；气微香，味甘苦、微辛。

【功能】辛温解表，疏风祛湿。

【主治】风寒感冒，流感。

2. 辛凉解表药　主要由桑叶、菊花、薄荷、牛蒡子等辛凉解表类药味组成，具有清解透泄作用，适用于外感风热引起的表热证。如发热明显，可配以清热解毒的金银花、连翘等。代表药物为：双黄连口服液。

双黄连口服液

【主要成分】金银花、黄芩、连翘。

【性状】本品为棕红色的澄清液体；微苦。

【功能】辛凉解表，清热解毒。

【主治】感冒发热。

3. 清热解毒药　本类药物于清热泻火之中更长于解毒的作用。主要适用于热毒下痢，代表药物为板青颗粒、白头翁口服液。

板青颗粒

【主要成分】板蓝根、大青叶。

【性状】本品为浅黄色或黄褐色颗粒；味甜，微苦。

【功能】清热解毒，凉血。

【主治】风热感冒，咽喉肿痛，热病发斑等温热性疾病。

白头翁口服液

【主要成分】白头翁、黄连、秦皮、黄柏

【性状】本品为棕红色液体；味苦。

【功能】清热解毒，凉血止痢。

【主治】湿热泄泻，下痢脓血。

4. 清热泻火药　热与火均为六淫之一，统属阳邪。热为火之渐，火为热之极，故清热与泻火两者密不可分，凡能清热的药物，皆有一定的泻火作用。代表药物为：四黄止痢颗粒。

四黄止痢颗粒

【主要成分】黄连、黄柏、大黄、黄芩、板蓝根等。

【性状】本品为黄色至黄棕色的颗粒。

【功能】清热泻火，止痢。

【主治】湿热泻痢，鸡大肠杆菌病。

5. 化痰止咳平喘药　凡能祛痰或消痰，治疗"痰证"的药物，称化痰药；以止咳、减轻哮鸣和喘息为主要作用的药物，称止咳平喘药。因化痰药兼有兼止咳、平喘作用；而止咳平喘药又兼有化痰作用，且病证上痰、咳、喘三者相互兼杂，故统称为化痰止咳平喘药。代表性药物为：麻杏石甘口服液、止咳散。

麻杏石甘口服液

【主要成分】麻黄、苦杏仁、石膏、甘草。

【性状】本品为深棕褐色的液体。

【功能】清热，宣肺，平喘。

【主治】肺热咳喘。

止 咳 散

【主要成分】知母、枳壳、桔梗、陈皮、石膏等。

【性状】本品为棕褐色的粉末；气清香，味甘、微苦。

【功能】清肺化痰，止咳平喘。

【主治】肺热咳喘。

6. 祛湿药　祛湿药，系由祛湿类药味为主组成的，具有胜湿、化湿、燥湿作用，用以治疗湿邪为患病证的药物制剂。代表性药物为：藿香正气口服液。

藿香正气口服液

【主要成分】广藿香油、紫苏叶油、茯苓、白芷、大腹皮等。

【性状】本品为棕色的澄清液体；味辛、微甜。

【功能】解表祛暑，化湿和中。

【主治】外感风寒，内伤湿滞，夏伤暑湿，胃肠型感冒。

7. 益气固表药 益气固表药，是由补益正气、固护卫气类药物所组成，具有益气、固表、止汗等作用，以治疗气虚、肌表不固的一类药物制剂。代表性药物为：玉屏风口服液。

玉屏风口服液

【主要成分】黄芪、防风、白术（炒）。

【性状】本品为棕红色至棕褐色的液体；味微苦、涩。

【功能】益气固表，提高机体免疫力。

【主治】表虚不固，易感风邪。

第八章
蛋鸡规模化养殖常见疾病防治

第一节　蛋鸡疾病的监测

一、日常监测

蛋鸡场应依照《中华人民共和国动物防疫法》及其配套法规的要求，结合当地实际情况，制定疫病监测方案。

蛋鸡场常规监测的疫病至少应包括：高致病性禽流感、鸡新城疫、禽白血病、鸡传染性支气管炎、鸡白痢。除上述疫病外，还应根据当地实际情况，选择其他必要的疫病进行监测。

根据当地实际情况由疫病监测机构定期或不定期进行必要的疫病监督抽查，并将抽查结果报告当地畜牧兽医行政管理部门。

二、病原学监测

1. 高致病性禽流感

（1）监测的时间和频率　每季度采样检测 1 次。

（2）采样要求　采集鸡的泄殖腔/咽喉拭子。

（3）检测方法　按照 GB/T 18936—2020、GB/T 19438.1—2004、GB/T 19438.2—2004、GB/T 19438.3—2004、GB/T 19438.4—2004、DB51/T 1312—2019 和 NY/T 772—2013 的规定执行。

2. 其他需进行检测的疾病

（1）新城疫　病原学检测按 GB/T 16550—2020 的规定执行。

（2）禽白血病　病原学检测和血清学检测按 GB/T 26436—2010 的规定执行。

（3）鸡传染性支气管炎　病原学检测和血清学检测按 DB51/T 1312—2019 的规定执行。

（4）禽结核病　病原学检测和血清学检测采用 GB/T 18645—2020 的规定执行。

（5）鸡马立克氏病　病原学检测按照《马立克氏病防治技术规范》的要求执行，血清学检测采用 GB/T 18643—2021 的规定执行。

（6）禽支原体病　病原学检测和血清学检测按 NY/T 553—2021 的规定执行。

（7）鸡白痢和鸡伤寒　病原学检测和血清学检测按 NY/T 536—2017 的规定执行。

（8）禽网状内皮增生病　病原学检测和血清学检测按 NY/T 1247—2006 的规定执行。

（9）鸡传染性贫血　病原学检测和血清学检测按 NY/T 681—2019 的规定执行。

第二节　常见病毒性疾病防控

一、禽流感

【病原学】禽流感病毒属甲型流感病毒。流感病毒属于 RNA 病毒的正黏病毒科，高致病禽流感 H5、H7，低致病禽流感 H9。

【流行病学】许多家禽、野生鸟类、哺乳动物包括人类都可以感染这种疾病。在家禽中，鸡和火鸡高度易感，其次是珍珠鸡、野鸡和孔雀。其这种疾病的主要传染源是患病动物。病毒一般存在于患病动物的血液、内脏、分泌物和排泄物中。受污染的禽舍、场地、器具、饲料、饮用水等可能成为感染源。病鸡蛋会带毒，当它们从壳中孵化出来时就会死亡。病鸡在潜伏期可以解毒，一年四季都有可能发病。

这种疾病的主要传播途径是消化道，也可能由呼吸道或皮肤损伤和黏膜感染引起，吸血昆虫也可以传播病毒。由于感染的菌株不同，鸡群的发病率和死亡率有很大差异。一般来说，病毒感染的发病率高、死亡率低，但感染高致病性毒株时发病率和死亡率可达 100%。

【临床症状和病理变化】病鸡的头部呈蓝紫色，结膜肿胀出血。黏液积聚在口腔和鼻腔中，并经常与血液混合。头部、眼睛水肿，皮下有黄色浓稠液体。脖子和胸部有水肿和充血。胸部肌肉、脂肪和胸骨内侧有小的出血点。在鼻道、气管、支气管黏膜和肺中发现出血。在腹膜、胸膜、心包、心外膜、气囊和卵黄囊中发现出血和充血。卵巢萎缩，输卵管出血。肝脏肿大、充血，甚至破裂。十二指肠出血，轻度炎症。腺胃与肌胃交界处呈带状或球形出血。

【诊断】养殖户可以根据症状对患病鸡群进行初步诊断。

准确的诊断方法主要有病毒 PCR 检测、病毒分离和免疫学方法检测，病毒分离需由国家规定的实验室完成。

目前用于禽流感检测的血清学诊断方法有禽流感病毒分离技术、琼脂扩散试验、血凝试验、血凝抑制试验、神经氨酸酶抑制试验、酶联免疫吸附试验、反转录聚合酶链式反应、免疫荧光技术等，其中血凝试验、血凝抑制试验和琼脂扩散试验是世界动物卫生组织推荐使用的方法。

【防控】入境和引种检疫十分重要，应对各种家禽、鸟类施行严格的隔离检疫，然后才能转至当地的隔离场饲养，再纳入健康鸡场饲养。按免疫程序接种禽流感疫苗。高致病禽流感 H5、H7 为强制免疫，低致病禽流感 H9 进入程序免疫。

当养殖场出现高致病禽流感 H5、H7 疫情后，应严格遵循"早、严、快"的原则，进行规范化处理。做到早发现、早处理，做好病死动物无害化处理和患病动物扑杀无害化处理，对病发地进行有效封锁隔离。当确诊为疑似禽流感病毒侵染后，应按照层层上报原则上报国家动物防疫中心。

二、新城疫

【病原学】新城疫病毒是属于副黏病毒科的单链不分节段负链 RNA 病毒。该病基因组共编码 6 种蛋白质，分别是核衣壳、磷蛋白、宿主蛋白、融合蛋白、血凝素神经氨酸酶和聚合酶。新城疫病毒根据融合蛋白核苷酸序列限制图谱的不同可分为两类，一类为减毒株，另一类为强毒株。

【流行病学】不同日龄鸡的易感性存在差异。雏鸡和幼龄鸡最易感染。本病的主要传染源是病鸡。病毒在鸡感染后出现临床症状前24小时经口、鼻和粪便排出。病毒在病鸡的所有组织、器官、体液、分泌物和排泄物中都可以存在。疫情间期携带病毒的鸡也是本病的传染源。其他可能出现在养鸡场的鸟类也是重要的传播者。

该病毒可通过消化道、呼吸道、结膜、受伤的皮肤和泄殖腔黏膜侵入。该病一年四季均可发生，但以春、秋两季多见。养鸡场的鸡群一旦发病，4～5天内可蔓延至全群。

【临床症状和病理变化】患新城疫的家禽按感染后病程长短可分为四类：最急性型、急性型、亚急性型和慢性型。在最急性型的病例中，病鸡突然生病并经常在没有任何特征性临床症状的情况下死亡。急性病例会表现出新城疫特有的症状：发病初期体温升至43～44℃，昏昏欲睡，食欲不振，鸡冠肉紫绀呈紫红色；然后就会出现典型的呼吸道症状；由于呼吸道产生大量黏液，病禽会张嘴呼吸，由于呼吸道部分被黏液阻塞，随着气流，黏液会在呼吸道内形成一层薄膜，然后破裂，产生湿啰音；一些神经吞噬细胞株侵入神经系统，也会使鸡产生神经症状，表现出翅膀下垂、腿麻不能站立等；在疾病后期，病鸡体温迅速下降，昏迷死亡。

【诊断】可根据典型的临床症状和病理改变做出初步诊断，并需进一步进行实验室诊断以明确诊断。

（1）嗜睡、食量减少、呼吸困难、饮水量增加。常发出"咕噜"声，排出黄绿色稀便。

（2）发病后，部分鸡出现扭颈、站立或卧地不稳等神经系统症状，多见于患病鸡和成年鸡。

（3）蛋鸡产蛋量减少或停产，软皮蛋、褪色蛋、沙壳蛋、畸形蛋增多，卵泡变形，卵泡血管充血、出血。

（4）胃肠道出现乳头状出血、紫红色出血及肠内坏死灶。喉和气管黏膜充血、出血并出现黏液。

（5）实验室诊断方法为血凝抑制试验。

【防控】要做好免疫，新城疫的免疫原则如下：

①制定合理的免疫程序，提前建立局部黏膜抵抗力；

②活疫苗与灭活苗联合使用；

③根据对抗体水平的检测结果，及时补充免疫。

三、传染性支气管炎

【病原学】传染性支气管炎是在鸡群中广泛流行的一种病毒性疾病，其病原体为鸡传染性支气管炎病毒（Infectious bronchitis virus，IBV）。IBV 是一种单股正链 RNA 病毒，IBV 在复制过程中容易发生突变和高频重组，导致新血清型和变异株的出现，据报道，世界范围内已分离出 30 多个血清型，各个血清型间没有或者仅有小部分交互免疫作用。IBV 多数能使鸡的气管产生特异性病变，同时有些毒株还能引起肾脏病变和生殖道等其他组织的病变。IBV 还能在鸡胚中繁殖，经尿囊液接种后，鸡胚可见明显的发育矮小、蜷缩、僵硬，呈现"侏儒胚"。IBV 对环境抵抗力不强，多数 IBV 毒株经 50℃ 15 分钟和 45℃ 90 分钟可被灭活，对普通消毒药敏感。

【流行病学】感染本病的鸡群没有明显的品种差异。各龄鸡均易感，但 5 周龄以内鸡的症状较为明显，死亡率可达 15%～19%。发病季节多为秋末至次年春末，但以冬季最为严重。此外，疫苗与野生病毒株的不匹配也是导致该病的主要原因。本病主要通过空气传播，也可通过饲料、饮水、垫料等传播，饲养密度过大，饲养环境过热、过冷、通风不良等均可诱发本病，接种疫苗和群体转移等也可诱发本病。此外，人员、用具和饲料也是传播媒介。这种疾病传播迅速，通常在 1～2 天内传播到整个鸡群。一般认为，该病不能通过种蛋垂直传播。

【临床症状和病理变化】本病自然感染的潜伏期为 36 小时或更长。该病发病率高，可诱发雏鸡较高的死亡率，但 6 周龄以上的雏鸡死亡率一般不高。病程通常为 1～2 周。根据症状，大致可分为：呼吸型、肾型和腺胃型。

本病的病理改变主要表现在上呼吸道、气囊、生殖系统和泌尿系统。呼吸系统的主要表现是：鼻腔、气管、支气管可见淡黄色半透明浆液和黏液渗出物。气囊可能有混浊的或含有奶酪样渗出物。蛋鸡的卵泡充血、流血或变形；输卵管粗短、粗大，局部充血和坏死，且对输卵管的这种损伤是永久性的，其长大后一般不能产蛋。除呼吸系统疾病外，肾病性支气管炎还可引起蛋鸡肾脏肿大、苍白、尿酸盐沉积和肾小管扩张、肾斑、输尿管增厚伴尿酸盐沉积。尿酸沉积在心脏和肝脏表面，就像一层白霜。有时在法氏囊中可以看到炎症和出血的症状。

【诊断】根据临床症状及病理变化进行初步诊断，确诊需要借助分子生物学等手段。

分子生物学诊断：利用 RT-PCR 对病料进行核酸扩增，检测结果若为阳性，则进一步测序分析，以确定毒株类型。

酶联免疫吸附试验（ELISA）：采用传染性支气管炎 ELISA 试剂盒检测鸡群血清抗体，按照试剂盒说明书操作方法执行。若抗体阳性率低于 70%，应对鸡群补免传染性支气管炎疫苗。

【防控】严格执行鸡场消毒措施，坚持做好预防性消毒。单栋鸡舍内鸡群全进全出，出鸡后对全场进行消毒、清洗、再消毒，空舍期不少于 14 天；进鸡后，定期使用刺激性较小的消毒剂进行带鸡消毒。给予优质饲料，在饲料中添加适量维生素和矿物质以增强鸡体抵抗力。控制饲养密度，注意冬季保温、通风，减少各种应激因素，避免鸡群因应激导致抵抗力下降。

根据当地传染性支气管炎流行情况合理制定免疫程序。由于

IBV 基因组极易变异与重组，弱毒疫苗毒力返强，疫苗株与野生毒株重组等情况时有发生导致免疫失败，应避免在同一养殖场同时使用不同活疫苗毒株，以减少病毒间的基因重组。根据免疫监测结果和 IBV 变异毒株调查情况适时调整疫苗。目前使用的疫苗可分为灭活苗和弱毒苗两类。

免疫基本原则：采用传染性支气管炎弱毒疫苗作基础免疫，对感染途径进行占位；用灭活疫苗或弱毒疫苗加强免疫。各疫苗的接种方法、剂量及注意事项，应按说明书严格进行操作。

四、鸡传染性喉气管炎

【病原学】鸡传染性喉气管炎（AILT）主要由传染性喉气管炎病毒（ILTV）引起，其病原学属疱疹病毒Ⅰ型，病毒核酸为双股 DNA。病毒颗粒呈球形，为二十面立体对称，核衣壳由 162 个壳粒组成，在细胞核内呈散在或结晶状排列。该病毒分成熟和未成熟病毒两种，成熟的病毒粒子直径为 195～250 纳米。成熟粒子有囊膜，囊膜表面有纤突。未成熟的病毒颗粒直径约为 100 纳米。

【流行病学】ILTV 主要感染鸡，不同年龄的鸡均可感染，但 7～10 月龄的鸡更易感染。幼龄鸡和成年鸡感染后常呈急性暴发性，产蛋率急剧下降甚至感染后产蛋率下降。出现停产，鸡群恢复后产蛋率逐渐恢复。

AILT 为散发性，为四季性疾病，但更容易受秋、冬季天气条件的影响。AILT 的主要感染源是病鸡、感染鸡及其污染物。尚未证实 ILTV 可以通过种蛋垂直传播。病原体进入体内后，在易感鸡的气管和上呼吸道中存活并繁殖。感染后，它在整个鸡群中迅速传播。发病率可达 90% 以上，死亡率为 50%～70%，蛋鸡死亡率高。ILTV 的基因组相对稳定，近年来该病未出现新的流行病学特征。

【临床症状和病理变化】自然感染的潜伏期为 6～12 天，潜伏期的长短与病毒毒株的毒力有关。发病初期，常有几只病鸡突然死亡。患病鸡早期有鼻液、泪眼，伴有结膜炎。然后出现特征性呼吸道症状：湿啰音、咳嗽、呼吸时有喘息声，病鸡蹲地，每次吸气时，头颈部向前向上、嘴巴张开、用力吸气。严重者可出现高位呼吸困难、痉挛和咳嗽，可咳出带血的黏液，会污染喙角、面部和头部的羽毛。鸡舍内会出现血迹。如果分泌物不能咳出，病鸡就会窒息而死。病鸡食欲减退或消失，体重迅速下降，有时排出绿色稀薄的粪便。最终多因衰竭死亡。蛋鸡产蛋量下降较快（高达 35%）或停止，康复后 1～2 个月才能恢复。

本病的主要典型病变是气管和喉组织。发病初期黏膜充血、肿胀、高度潮红、分泌黏液，继而黏膜变性、出血坏死，气管内有血性黏液或血块，气管管腔变窄，2～3 天后出现黄白色纤维素干酪样假膜。

【诊断】鸡传染性喉气管炎的临诊症状和病理变化与某些呼吸道传染病，如鸡新城疫、传染性支气管炎有些相似，易发生误诊。因此，对本病应进行如下检查后再做综合诊断。

（1）现场诊断

①本病发病多突然，传播迅速，以成年鸡多见；发病率高，死亡率因病情不同而差异很大。

②临床症状较典型：张口呼吸、气喘、啰音，咳嗽时可咳出带血黏液，吸气姿势为头向前向上。

③尸检时气管可见卡他性和出血性炎性病变，以后者最为典型。在气管中也可以看到不同数量的血凝块。

（2）病毒分离鉴定

①用病料（气管或气管渗出液和肺组织）制成适当比例的悬液，离心，取上清，加入双抗体（青霉素、链霉素），室温作用 30分钟。取 0.1～0.2 毫升接种于 9～12 日龄鸡胚的绒毛膜尿囊膜或

尿囊腔，2天后，可出现痤疮样坏死病灶，周围细胞可检出核包涵体。

②病毒接种于鸡胚肾细胞单层培养，24小时后出现细胞病变，可检出多核细胞（合胞体）、核包涵体和坏死病灶。

③发病初期（1~5天）将气管结膜组织固定并进行姬姆萨染色，可见上皮细胞核内有包涵体。

（3）抗原抗体检测　检测本病抗原抗体的方法有荧光抗体法、核酸探针、PCR、ELISA等。

【防控】对饲养管理设备和鸡舍进行消毒。对不明来历的鸡应进行隔离观察。康复的鸡不应与易感鸡混合。

自然感染传染性喉气管炎病毒后康复的鸡可产生很强的免疫力，至少可获得一年甚至终身免疫。非流行地区最好不要接种弱病毒疫苗，更不要接种天然强病毒疫苗。它不仅可以使本病源长期存在，还可能传播其他疾病。

在疾病流行地区，考虑使用鸡传染性喉气管炎减毒疫苗、滴鼻剂、滴眼液进行免疫，并遵循所用疫苗的说明。

五、马立克氏病

【病原学】本病病原学属于疱疹病毒的B亚群（细胞结合毒），共分三个血清型：血清1型（对鸡致病致瘤）、血清2型（对鸡无致病性）、血清3型（对鸡无致病性，但可使鸡有良好的抵抗力）。

完整病毒的抵抗力较强，在粪便和垫料中的病毒，室温下可存活4~6个月之久。细胞结合毒在4℃可存活2周，在37℃存活18小时，在50℃存活30分钟，60℃只能存活1分钟。

【流行病学】鸡易感，火鸡、山鸡和鹌鹑等较少感染，哺乳动物不感染。病鸡和带毒鸡是主要传染来源，这类鸡的羽毛囊上皮内存在大量完整的病毒，可随皮肤代谢脱落后污染环境。

本病主要通过空气传染经呼吸道进入体内，污染的饲料、饮水和人员也可带毒传播。

主要发病的是 2～5 月龄鸡。母鸡比公鸡易感性高，来航鸡抵抗力较强。

【临床症状和病理变化】根据病变的部位和临床表现可以分为四种类型，分别为神经型、内脏型、眼型和皮肤型，有时也可以混合发生。鸡群感染后，以神经型症状最多，主要表型为运动障碍、病鸡步态不稳、一肢或者两肢出现不完全麻痹症状，随着病情的发展，两肢变成完全麻痹，不能站立；病鸡最为典型的表现为"劈叉"姿势，即一只爪伸向前方，另一只爪伸向后方；病鸡受损的神经部位不同，表现的症状也不相同，臂神经受损表现为翅膀下垂，迷走神经受损表现为嗉囊麻痹、呼吸困难，支配颈部肌肉的神经受损表现为头颈歪斜。眼型主要表现为虹膜受到损害，正常的色素消失，表现为同心环状或斑点状，病情严重的会造成失明。皮肤型主要表现为皮下组织出现大小不等的肿瘤结节。在大群饲养的时候，有的病鸡由于运动障碍、失明等造成不能采食，因饥饿、失水而死亡，还有的病鸡会被同群的鸡践踏而死。

【诊断】根据临床症状、典型病理变化可进行初步诊断，对于临床上较难判断的可送实验室通过病毒分离鉴定、血清学检查、组织学检查及核酸探针等方法进行确诊。

【防控】目前，还没有有效的药物治疗鸡马立克氏病，对于此病，最主要的是做好防控措施。对于马立克氏病最易感的为雏鸡，应将雏鸡和成年鸡分开饲养，尽量减少感染几率。做好选育工作，要逐渐培育出对马立克氏病抵抗能力较强的品系。

预防马立克氏病最关键的措施就是做好疫苗预防接种工作，常用的疫苗有血清 1 型疫苗、血清 2 型疫苗、血清 3 型疫苗和多价苗等，根据鸡群的日龄选择适合的疫苗进行免疫，抵抗强毒的攻击。

如果鸡群中出现发病鸡，要立刻将所有的鸡彻底清除，然后对鸡舍进行彻底消毒，空置至少2周以上后引进新雏鸡进行养殖。一旦育雏开始，就不要再补充新鸡。

六、传染性法氏囊病

【病原学】传染性法氏囊病病毒属于双RNA病毒科、禽双RNA病毒属。病毒含单层衣壳，无囊膜，病毒粒子直径为55～65纳米。无红细胞凝集特性。

【流行病学】鸡、火鸡、番鸭、北京鸭和珍珠鸡均可感染，但仅有鸡发病。各种年龄的鸡都能感染，主要发生于2～15周龄的鸡，3～6周龄鸡最易感，发病后病死率较高。病鸡和带毒鸡是主要传染源，能通过粪便长期和大量排毒，污染饲料、饮水、垫料、用具、人员等，通过粪-口途径传播和感染。本病往往突然发生，传播迅速，当鸡舍发现有被感染的鸡时，短期内可传播至全群。发病鸡通常在感染后第3天开始死亡，随后病死率急剧上升，5～7天达到高峰，之后很快停息，表现高峰死亡和迅速康复的曲线。不同鸡群的病死率差异很大，低的仅为3%～5%，一般为15%～20%，严重者病死率可达60%以上。

【临床症状和病理变化】潜伏期为2～3天。初期可以看到一些鸡啄食它们的泄殖腔。病鸡羽毛松散、采食量减少、发冷、拥挤、精神不佳，继而出现腹泻，粪便呈白色黏稠状或水样，泄殖腔周围的羽毛污染严重。重症病鸡低头、闭眼、昏昏欲睡。后期体温低于正常体温、严重脱水、极度虚弱，最后死亡。法氏囊的病理变化具有特征性，表现水肿和出血，体积增大，重量增加，比正常重2倍，严重的情况下，可见病鸡法氏囊像一颗紫色的葡萄。浆膜表面布满果冻状淡黄色渗出液，切开后有严重出血和黏液。5天后，法氏囊开始萎缩。切开后黏膜表面有少量或弥漫性出血，皱襞混浊不清。重者法氏囊内有奶酪样渗出液。肾脏有不同程度的肿胀，主要是尿酸盐沉积所致。腿部和胸部肌肉有出血点或斑点。在腺胃和肌肉胃的交界处有一条出血带。

【诊断】根据该病的流行病学、临床症状和病理特征，可做出初步诊断。如果是被突变株感染的鸡，只能通过法氏囊的组织病理学检查和病毒分离才能做出诊断。对易感鸡进行病毒分离鉴定、血清学检测和疫苗接种是诊断本病的主要方法。

【防控】①严格的兽医卫生措施；②提高种鸡母源抗体水平；③雏鸡的免疫接种。这种疾病没有特殊的治疗方法。如有必要，可在发病初期注射高免疫力血清或蛋黄抗体。同时，可使用抗生素预防继发感染，并采取其他对症治疗措施。

七、鸡传染性贫血

【病原学】鸡传染性贫血病毒为圆环病毒科、环状病毒属的成员，是一种近似细小病毒的环状单股 DNA 病毒，无囊膜，呈对称的二十面体，直径为 25～26.5 纳米，无血凝性。

【流行病学】鸡是这种病毒的唯一宿主。各龄鸡均可感染，但随日龄增加易感性急剧下降。自然患病以 2～4 周龄鸡多见，混合感染时可在 6 周龄以上发病。垂直传播是本病的主要传播方式。临床上，垂直传播可在感染后持续 3～9 周，传播高峰为 1～2 周。它也可以通过消化道和呼吸道传播。感染后 5～7 周内，鸡的粪便中存在高浓度病毒。鸡传染性贫血病毒可引起 1～7 日龄鸡的贫血，并引起淋巴组织和骨髓的病理变化。感染后第 12～16 天皮损最明显，第 12～28 天死亡。死亡率很少超过 30%。2 周龄鸡一般易被感染而不生病；带有母源抗体的雏鸡可以被感染但不会生病。

【临床症状和病理变化】潜伏期为 8～12 天。会造成鸡群精神萎靡、发育受阻、贫血、皮肤出血，有的出现皮下出血，可能继发坏疽性皮炎。该病唯一的特征性症状是贫血。血液学检查可见，红细胞和血红蛋白含量明显降低，有的濒死鸡甚至低到 6%（正常值在 30% 以上，降至 25% 以下可称为贫血），白细胞、血小板数量减少。垂直感染的雏鸡在 10～12 日龄可见临床症状，17～24 日龄为鸡群死亡高峰；经 28 天后不死者可以康复，但会严重感染鸡群，在 30～34 日龄可出现鸡群第二个死亡高峰。另外，继发感染可能阻碍康复，加剧死亡。

全身性贫血、胸腺萎缩是最常见的病理变化，还可见明显的骨髓萎缩，导致再生障碍性贫血。在某些情况下，部分病例会出现法氏囊萎缩，外壁呈半透明状。肝脏肿大并出现变黄或坏死斑点。腺胃黏膜出血。在严重的贫血病例中，可以看到肌肉和皮下出血。组织病理学改变以全身骨髓和淋巴组织萎缩为特征。造血组织全部被脂肪样组织取代，一般淋巴组织萎缩，胸腺淋巴细胞消失，骨髓血细胞减少，肝脏出现贫血性坏死。

【诊断】根据临床症状和病理变化一般可做出初步诊断。但要注意与原虫病、黄曲霉毒素中毒及服用过量磺胺类药物等相区别，因为这些病均能导致再生障碍性贫血，引起出血综合征和免疫抑制。此外，本病常与其他疾病混合感染或继发感染，容易混淆，因此确诊还需进行病毒分离或血清学诊断。

【防控】目前国外已有疫苗可供预防接种，但因价格昂贵，仅用于某些种鸡群。而对一般鸡群只能依靠综合防控措施，商品化鸡群也可考虑自然接触免疫。在无特定病原（SPF）鸡场及时进行检疫，剔除和淘汰阳性鸡有十分重要的意义。当前，鸡传染性贫血病毒感染已成为世界范围的问题。除了鸡传染性贫血病毒感染本身给养禽业带来的直接损失以外，由于感染后伴有淋巴组织的萎缩，使免疫应答受到明显的抑制，因而自然病例常因细菌和真菌的继发感染而出现高发病率。因此在育成 SPF 鸡群的过程中，应重视对鸡贫血病毒的检查，并首先考虑从 SPF 鸡场清除该传染源。

八、禽腺病毒感染

禽腺病毒是腺病毒科的部分成员。对鸡危害严重的禽腺病毒感染导致的疾病有鸡包涵体肝炎和产蛋下降综合征，这两种病在世界上分布很广，可引起养禽业的严重经济损失。

（一）鸡包涵体肝炎

【病原学】病原为禽腺病毒Ⅰ群病毒，可分为 5 个种、12 个血清型，都与自然发生的包涵体肝炎有关。病毒粒子直径为 70～90 纳米，无囊膜，核酸类型为双股 DNA。

【流行病学】该病多发生在 4～10 周龄，5 周龄鸡最易感，蛋鸡很少发病。通常病死率在 10% 左右。容易与其他疾病造成混合感染，特别是同时感染传染性法氏囊病病毒等免疫抑制病毒，会加重病情，增加病死率。该病可垂直传播，病毒在种鸡感染后 3～6 周内分散，通过鸡胚传给后代。水平传播在本病的发生中也很重要。此外，接触病鸡或被病鸡污染的围栏、饲料和饮用水后也可经消化道感染。本病多发生于春、秋季。

【临床症状和病理变化】自然感染的潜伏期为 1～2 天。发病后病鸡表现抑郁、嗜睡、腹泻和羽毛粗乱。有些病鸡会出现贫血。病程一般为 10～14 天，发病后 3～4 天突然出现死亡高峰，第 5 天后死亡数逐渐减少或停止。

肉眼可见的典型病理改变包括肝脏肿胀、脂肪变性、质地脆弱容易破裂、出现斑点或斑驳出血、卡其色凸起的坏死灶；肾脏肿胀，呈灰白色，有出血点；脾脏有白斑和环状坏死；骨髓呈灰白色或黄色。组织学改变以肝细胞内嗜酸性核内包涵体为特征，边界清楚，呈圆形或不规则形状，偶见嗜碱性包涵体。

【诊断】可根据流行病学、典型症状和病理变化做出初步诊断。确诊需要病原体分离和血清学检测。取病鸡或死鸡肝，制备混悬液并适当处理后接种到 5 日龄鸡胚的卵黄囊中，5～10 天鸡胚死亡，可见胚胎出血、肝坏死和包涵体。在中和试验中，必须取两种血清，即发病初期和恢复期鸡的血清，才具有诊断意义。荧光抗体技术也可用于诊断。

【防控】本病尚无特殊治疗方法。因病毒可垂直传播，净化种鸡群是重要的控制措施。其他措施包括加强饲养管理、杜绝传染源传入、防止和消除应激因素、在饲料中补充微量元素和复合维生素以增强鸡的抵抗力、加强圈舍和环境消毒等。由于病原学血清型较多，现阶段用疫苗预防尚不可行。

（二）产蛋下降综合征

【病原学】产蛋下降综合征病毒属于腺病毒科、禽腺病毒属，无囊膜，病毒粒子直径为 76～80 纳米。

【流行病学】多种禽类，如鸡、鹌鹑、火鸡、鸭、鹅、鸽、雉鸡、珍珠鸡等均易感，并能检测出抗体，但仅产蛋鸡感染后出现临床症状。不同品种的鸡对产蛋下降综合征病毒的易感性不同。肉鸡、种鸡和褐蛋鸡最易感染。该病发生在 26～32 周龄的鸡群中，35 周龄以上的鸡群少见。幼鸡感染后无临床症状，血清中未检出抗体。临床表现仅在性成熟产卵后出现，血清学检测结果也转为阳性。

该病主要通过垂直传播，但水平传播也起着重要作用。病毒可以从鸡的输卵管、泄殖腔、粪便和肠道内容物中分离出来。病毒侵入鸡体后，对鸡未表现出性成熟前的致病性。在产蛋初期，病毒因应激反应而激活，使蛋鸡发病。

【临床症状和病理变化】感染鸡主要表现为群产蛋量突然下降。发病初期，蛋壳颜色变淡，产生畸形蛋。之后可见蛋壳粗糙如沙，蛋壳变薄易碎；软蛋和无壳蛋增加，占比超过 15%；蛋清薄层呈水状，厚层浑浊，界限分明。受精率和孵化率不受影响，病程一般持续 4~10 周。

病鸡卵巢变小萎缩，子宫和输卵管黏膜有出血性和卡他性炎症。输卵管水肿，单核细胞浸润，黏膜上皮细胞变性坏死，输卵管内可见大量核包涵体。

【诊断】根据流行病学特征和临床症状可做出初步诊断，确诊需进行实验室诊断。

【防控】主要采取如下综合措施：①杜绝产蛋下降综合征病毒传入；②严格执行兽医卫生措施；③免疫接种；④在原种群和祖代群实施根除计划。

九、禽脑脊髓炎

【病原学】禽脑脊髓炎病毒属小 RNA 病毒科、肠道病毒属。无囊膜，提纯的禽脑脊髓炎病毒直径为 24~32 纳米。

【流行病学】鸡、野鸡、火鸡、鹌鹑等都可以自然感染。所有日龄的鸡都可以感染，但明显症状在 3 周龄以下的鸡中更为常见。病禽通过粪便排出病原体，污染饲料、饮水、器具和人员，并横向传播。病原体在外部环境中可长期存活。另一种重要的传播方式是垂直传播。大多数受感染的产蛋母鸡在 3 周内其所产的鸡蛋中都含有病毒。当这些携带病毒的鸡蛋用于孵化时，部分鸡胚会在孵化过程中死亡。有的鸡胚可以孵化，但脱壳的雏鸡在 1~20 日龄之间就会发病死亡，造成本病的流行。本病全年均可发生，无明显季节性。

【临床症状和病理变化】通过鸡胚感染雏鸡有 1～7 天的潜伏期；口腔感染的潜伏期为 10～30 天。通常在 1～3 周龄发病，发病初期，雏鸡精神稍差，眼睛呆滞，不愿行走，行动不协调，摇晃，出现共济失调。之后雏鸡出现精神萎靡、运动障碍严重、逐渐瘫痪、精力衰竭、头颈部震颤等。因为共济失调，不能走动，缺粮缺水，最后精疲力竭而死。部分感染雏鸡可以观察到一侧或两侧眼睛的晶状体混浊、变蓝和失明。鸡群很快就会全部感染，但发病率通常为 4%～50%，有时高达 60%。死亡率受多种因素影响，为 10%～70%，平均为 25%。成年鸡感染后无明显临床症状，产蛋量可能会出现短期（1～2 周）下降，在 5%～15%之间，之后可逐渐恢复。

一般有临床症状的病鸡都有组织学病变。内脏的组织学病变是淋巴细胞增生积聚，腺胃肌层出现的密集淋巴细胞灶具有诊断意义，肌胃肌层也有类似变化。

唯一的肉眼可见病变是患病雏鸡肌胃有带白色的区域，由浸润的淋巴细胞团块所致。主要组织学病变在中枢神经系统和某些内脏器官，具有鉴别诊断意义。中枢神经系统的病理变化为散在的非化脓性脑脊髓炎和背根神经节炎。成年禽感染，除晶状体混浊外，几乎没有其他病变。

【诊断】根据流行病学和临床特征可做出初步诊断，确诊需进行病毒的分离和血清学试验。

【防控】本病尚无有效的药物治疗方案，主要是做好预防工作，不到发病鸡场引进种蛋或种鸡，平时做好消毒及环境卫生工作。进行免疫接种，弱毒苗可通过饮水、滴鼻或点眼进行免疫，在 8～10 周龄及产前 4 周进行接种；灭活油乳剂苗在开产前一个月肌内注射，也可在 10～12 周龄接种弱毒苗，在开产前一个月再接种灭活苗，均具有较好的防制效果。

十、禽白血病

【病原学】禽白血病病毒（ALV）在分类上属反转录病毒科、C型反转录病毒属。本病毒在感染细胞超薄切片中呈球形，整个病毒粒子直径80～120纳米，病毒粒子表面有直径为8纳米的特征性球状纤突，构成了病毒的囊膜糖蛋白。

【流行病学】外源性ALV有两种传播方式：垂直传播和水平传播。因为病毒不耐热，在外界存活时间短，感染不易经间接接触传播。成年鸡的ALV感染有4种情况：无病毒血症又无抗体、无病毒血症而有抗体、有病毒血症又有抗体、有病毒血症而无抗体。

内源性白血病病毒常通过种鸡的生殖细胞遗传传递，多数有遗传缺陷，不产生传染性病毒粒子，少数无缺陷，其在鸡的胚胎或幼雏时期也可产生传染性病毒，像外源病毒那样传递，但大多数鸡对它有遗传抵抗力。内源病毒无致瘤性或致瘤性很弱。

【临床症状和病理变化】禽白血病的潜伏期很长。自然病例可在14周龄后的任何时间出现，但通常在性成熟时发病率最高。该病无特殊临床症状，可见鸡冠苍白、萎缩，偶见发绀，食欲不振、体重减轻和虚弱，腹部增大。一旦出现临床症状，病程通常进展迅速。

隐性感染会严重影响蛋鸡的产蛋性能。与非排毒母鸡相比，排毒蛋鸡性成熟晚，所产鸡蛋小、壳薄，受精和孵化率降低。

病鸡肝、法氏囊和脾有肉眼可见的肿瘤，肾、肺、性腺、心、骨髓和肠系膜也可受害。肿瘤大小不一，可为结节性、粟粒性或弥散性。肿瘤组织的组织学变化呈灶性和多中心性，即使弥散性的肿瘤也是如此。肿瘤细胞增生时把正常组织细胞挤压到一边，而不是浸润其间。肿瘤主要由成淋巴细胞组成，大小虽略有差异，但都处于相同的原始发育状态。细胞质含有大量 RNA，在甲基绿-派洛宁染色片中呈红色。病鸡外周血液的细胞成分缺乏特征性变化。

ALV 的绝大多数毒株都能引起血管瘤，见于各种日龄的鸡。自然病例中，因血管瘤而死亡的鸡多为 6～9 月龄。血管瘤通常发生于各种年龄鸡的皮肤和内脏器官，在其表面形成血疱或实体瘤，充满血液的腔隙内排列着内皮细胞或其他细胞，多见细胞增生性病变。通常血管瘤呈多发性且易破裂，可引起致死性出血。

【诊断】主要根据流行病学和病理学检查诊断。病毒分离鉴定和血清学检查在日常诊断中很少使用。病毒分离的最好材料是血浆、血清和肿瘤，新鲜蛋的蛋清、10 日龄鸡胚和粪便中也含有病毒。

【防控】由于本病主要为纵向传播，横向传播只占次要位置，先天感染免疫耐受的鸡是最主要的传染源，因此疫苗免疫对防控意义不大，目前没有可用的疫苗。降低种鸡群感染率，建立无白血病种鸡群，是防控该病最有效的措施。

十一、禽网状内皮组织增生症

【病原学】网状内皮组织增生症病毒属反转录病毒科、C 型反转录病毒属。病毒粒子直径约为 100 纳米，其类核体具有链状或假螺旋状结构。以出芽方式从感染细胞的胞膜上释放。

【流行病学】本病的易感动物包括火鸡、鸭、鹅、鸡和鹌鹑，此外还有孔雀和珍珠鸡等，其中以火鸡发病最为常见。病禽的泄殖腔排出物、眼和口腔分泌物常带有病毒。病毒可通过与感染鸡和火鸡的接触而发生水平传播。本病毒还可通过鸡胚垂直传播。

【临床症状和病理变化】精神委顿，食欲不振。羽毛粗乱，贫血，生长停滞，发育不良，感染后数天到数周病禽急性死亡，感染约 3 周可见羽毛中间部出现"一"字形排列的空洞，感染 1 个月后出现运动失调和麻痹。本病能侵害机体的免疫系统，可导致机体免疫机能下降继发其他疾病。该病为免疫抑制性疾病，发病日龄多在 80 日龄左右。本病毒是低温病毒，高温季节不易发病，鸡群中的发病率和死亡率不高，呈慢性死亡，死亡周期约为 10 周。患病家禽是本病的主要传染源，可从病禽口、眼分泌物及粪便中排出病毒，通过水平传播使易感鸡感染。

病鸡法氏囊重量减轻，严重萎缩，滤泡缩小，滤泡中心淋巴细胞减少和坏死。胸腺充血、出血、萎缩、水肿。肝、脾、肾、心、胸腺、卵巢、法氏囊、胰腺和性腺等（肝最早出现病变），有灰白色点状结节和淋巴瘤增生。特征变化是器官组织中网状细胞出现弥散性和结节性增生。

【诊断】根据典型的病理变化可以做出初步诊断，但确诊还需要进一步证明网状内皮组织增生症病毒或其抗体的存在。

【防控】加强种蛋疫病监测，用酶联免疫吸附试验检出种蛋中的病毒抗原，淘汰潜在传病母鸡，消除垂直传播。加强鸡群监管措施，注意环境卫生，防止水平传播。加强疫苗（特别是马立克氏病、禽痘和禽白血病）质量监测与管理，严防本病毒污染，以免引起本病的人工传播和造成重大经济损失。迄今尚无用于本病免疫预防的市售疫苗。

第三节 常见细菌性疾病防治

一、鸡白痢

【病原学】鸡白痢是由鸡白痢沙门菌引起的传染性疾病,世界各地均有发生,是危害养鸡业最严重的疾病之一。鸡白痢沙门菌的菌体两短钝圆,为革兰氏阴性菌,无鞭毛,不能运动,不能形成芽孢和荚膜。本菌在一般培养基上培养 16～24 小时能长出圆形而小的菌落。

【流行病学】鸡白痢疾是由鸡白痢沙门菌引起的一种急性全身性疾病,主要发生在雏鸡中,并伴有间歇性的区域性死亡或暴发,死亡率高,产蛋率低。这种细菌可以感染任何年龄的蛋鸡。发病率和死亡率以 1 周龄鸡最高。1 周龄以上鸡的发病率和死亡率显著下降。成年鸡感染后,该菌常出现在成年鸡的睾丸、卵泡和输卵管中,表现为慢性或隐性感染。当感染该菌的成年鸡处于应激状态或身体抵抗力下降时,可能会出现临床症状。

该菌的主要传播方式为垂直传播,感染本菌的母鸡所产蛋中通常会携带本菌。感染也可以通过交配和结膜传播的方式发生。啮齿动物的携带在本菌的传播中也起着重要作用。鸡群拥挤、饲养室温度低、环境湿度大、通风不良是鸡白痢沙门菌流行的主要原因。鸡是白痢沙门菌的自然宿主,但在自然条件下,麻雀、珍珠鸡、鹌鹑、火鸡等也会感染白痢沙门菌。鸭对这种细菌有一定的抗性;鸡白痢沙门菌很少感染人类。

【临床症状和病理变化】雏鸡表现不吃饲料，怕冷、身体蜷缩，翅膀下垂，精神沉郁或昏睡，排白色黏稠或淡黄、淡绿色稀便，肛门有时被硬结的粪块封闭，呼吸困难。成年鸡无临床症状，少数感染严重的病鸡表现精神萎靡，排黄绿色或蛋清样稀便，主要病变可见肝脏、脾脏肿大、脆弱，有坏死点，肾脏暗红充血或苍白贫血，常出现腹膜炎变化。产蛋鸡可见卵巢萎缩，病鸡产蛋停止。

【诊断】可通过临床症状诊断，如病雏精神委顿，缩头，翅下垂、拉白色浆糊状稀粪，排粪时发出"吱、吱"叫声；成鸡多为隐性带菌，只有严重时见有贫血和腹泻，母鸡产蛋量明显减少。

【防治】鸡白痢沙门菌的传染源主要为病鸡和带菌鸡，传播途径有水平传播和垂直传播。带菌公鸡可通过精液将病原传给母鸡，因此公鸡的白痢净化尤为重要。对种鸡的鸡白痢净化和对种蛋彻底进行消毒是控制该病发生的重要措施，对预防初生雏鸡白痢尤其重要。

二、禽副伤寒

【病原学】禽副伤寒是一种人畜共患病，可引起人类食物中毒。副伤寒细菌为革兰氏阴性菌，不产生孢子或荚膜，具有血清学相关性。该菌主要通过周围鞭毛移动，但在自然条件下，也可能遇到没有鞭毛或鞭毛不能移动的品种。副伤寒沙门菌生长简单，可在多种培养基中生长。

【流行病学】大多数副伤寒菌含有内毒素，内毒素可致病。这种细菌对热和各种消毒剂敏感，在自然条件下很容易存活和繁殖，副伤寒沙门菌可以在垃圾和饲料中存活数月或数年，但是对大多数消毒剂和甲醛气体的熏蒸敏感。鸡经卵巢直接传递本菌并不常见，在产蛋过程中蛋壳被粪便污染或在产出后被污染，对该病的传播具有极为重要的影响。感染鸡的粪便是最常见的病菌来源。

【临床症状和病理变化】大多数种类的温血和冷血动物都可发生副伤寒感染。在家禽中，副伤寒感染最常见于鸡和火鸡。常在孵化后两周之内感染发病，感染后 6～10 天达最高峰。呈地方流行性，病死率一般为 10%～20%，严重者高达 80%以上。1 月龄以上的蛋鸡有较强的抵抗力，一般不引起死亡。成年鸡往往不表现临床症状。

【诊断】按照症状、病理变化，并根据该鸡群过去发病历史，可以做出初步诊断。确诊决定于病原的分离和鉴定。对于幼鸡急性病例，必须直接自肝、脾、心血、肺、十二指肠和盲肠或其他器官分离病菌。对于慢性患鸡的诊断，目前还没有可靠的方法。

【防治】本病尚无有效菌苗可资利用，故预防该病重在严格实施一般性的卫生消毒和隔离检疫措施。

为了防止该病从蛋鸡传染给人，病鸡应严格执行无害化处理。加强屠宰检验，特别是对于急宰病鸡的检验和处理。向群众宣传，肉类一定要充分煮熟后食用，家庭和食堂保存的食物应注意防止鼠类窃食，以免被其排泄物污染。饲养员、兽医、屠宰人员以及其他经常与畜禽及其产品接触的人员，应注意卫生消毒工作。

三、禽伤寒

【病原学】禽伤寒是由禽伤寒沙门菌引起的主要发生于青年鸡的一种急性败血症，临床上以发热、贫血、冠苍白、白细胞大量增加、红细胞大量减少为特征。禽伤寒与鸡白痢都是由沙门菌引起的，鸡白痢主要对雏鸡危害大，禽伤寒主要对青年鸡造成危害，沙门菌是目前危害养鸡业重要的细菌病之一。

【流行病学】本病主要发生于鸡，鸭、鹌鹑、野鸡等也可感染。

主要危害 3 月龄以上的成年鸡，雏鸡感染时症状与鸡白痢相似。主要的传播途是经蛋垂直传播，也可通过接触病鸡或被污染的饲料、饮水等经消化道水平传播。本病发生无季节性，但以春、冬两季多发。

【临床症状和病理变化】潜伏期一般为 4～5 天。经蛋感染的雏鸡的症状与鸡白痢相似，可能表现呼吸困难。年龄较大的鸡和成年鸡，呈急性经过者表现突然停食，体温上升 1～3℃，先呈现精神委顿，离群独居，继而冠髯变苍白，羽毛松乱，食欲废绝，口渴发热。病程长的多在 5～10 天死亡，死亡率为 10%～50%或更高。慢性病鸡表现不同程度地腹泻、消瘦，产蛋减少或停止。病程延续数周，死亡率较低，大部分能够康复，成为带菌鸡。病死鸡心肌上可以看到坏死的白斑。胆囊扩张充满了胆汁，发生心包炎的鸡常因卵泡破裂而产生腹膜炎，卵泡变形并改变颜色，肠道有轻微的紧张性炎症。

【诊断】根据疾病的特点、临床症状和病理解剖学可以做初步诊断，鸡群可以在全血玻片凝集的基础上进行日常监测，这是唯一的诊断方法。

【防治】①卫生与消毒。在引进新鸡之前，应对所有鸡舍和设备以及鸡舍的一般环境进行清洁和消毒，尤其是前一批鸡为沙门菌阳性时。在阳性鸡舍中，很难去除污染，但彻底的清洁消毒和甲醛熏蒸是最有效的净化措施。一些常见物品，如蛋盘、滤网等，也需要消毒。②人员和物品的卫生控制。所有人员必须遵守生物安全规定，了解和执行蛋鸡养殖场的生物安全标准，执行各个环节的消毒和控制措施。制定长期有效的饲料、鼠类、苍蝇消毒控制方案，消灭中间传染源。③孵化场卫生控制。孵化场不仅是种蛋孵化的场所，也是沙门菌大量繁殖和传播的场所，即孵化场有阳性和阴性的蛋或鸡时，应加强种蛋消毒，避免阳性和阴性蛋混合存放，使用不同的培养箱，错开孵化时间等。

四、坏死性肠炎

【病原学】产气荚膜梭菌是坏死性肠炎的主要致病因子，是一种严格厌氧的革兰氏阳性菌，可形成孢子，属于鸡肠道内的常在菌，正常情况下不会致病，是一种典型的条件致病菌。饲养条件不当时，产气荚膜梭菌可能会破坏肠道正常的微生物区系平衡、促进肠道产气荚膜梭菌大量繁殖且分泌毒素、诱发肠道出现炎症反应，进而导致肠道内环境稳态及黏膜屏障完整性被破坏，最终形成坏死性肠炎。

【流行病学】在自然条件下，这种疾病只能发生在鸡身上，尤其平养鸡多发，育雏和育成鸡多发。一年四季均可发生，尤其是在炎热潮湿的夏季。

疾病的发生有明显的原因，如饲养密度高，通风不良。饲料突变、球虫病添加剂的非法使用导致环境中气荚膜梭菌超过正常数量等也可诱发本病。

【临床症状和病理变化】病鸡会出现黄色、白色稀便，严重时有黄褐色糊状发臭粪便，有时是红色甚至黑色，有些粪便与血液和肠膜混合；严重食欲不振，采食量减少50%以上。

当疾病暴发时，死鸡严重脱水，在打开死鸡腹腔后，能闻到腐烂的气味。主要病变集中在肠道，尤其是肠道中段和后段。死鸡的特征是小肠明显增大至正常的2～3倍，肠管较短，肠壁较薄，肠腔充满灰白色或黄白色渗出物，黏膜坏死。

【诊断】可根据临床表现和死后病变进行诊断，但应与溃疡性肠炎和小肠球虫病相区别：溃疡性肠炎是由肠梭菌引起的，其特征性宏观病变是小肠和盲肠后段的多发性坏死和溃疡，以及肝脏坏死，坏死性早期肠炎病变仅限于空肠和回肠，肝脏和盲肠很少有病变，小肠膨胀和增厚至正常的 2～3 倍，其他肠段无明显变化；小肠球虫病的损害主要发生在中段，但肠壁明显增厚，剪开病变肠段出现自动外翻等。

【防治】由于梭菌抗药性很强，所以要迅速治愈，减少蛋鸡的死亡和经济损失，最佳的做法应是首先采取综合防制措施，并按常规用药治疗，同时迅速采病料作细菌培养，做药敏试验，在此基础上选用高敏药物进行治疗。

五、禽大肠杆菌病

【病原学】大肠杆菌是健康畜禽肠道中的常在菌，可分为致病性和非致病性两大类。大肠杆菌病是一种条件性疾病，在卫生条件差、饲养管理不良的情况下，很容易造成此病的发生。大肠杆菌对环境的抵抗力很强，附着在粪便、土壤、鸡舍的尘埃或孵化器的绒毛、碎蛋皮等上的大肠杆菌能长期存活。

【流行病学】各种年龄的鸡都可感染大肠杆菌病，发病率和死亡率受各种因素影响而有所不同。不良的饲养管理、应激或并发其他病原感染都可成为大肠杆菌病的诱因。在雏鸡和青年鸡中多表现急性败血症，而成年鸡患病多表现亚急性气囊炎和多发性浆膜炎。本病感染途径有经蛋传染、呼吸道传染、消化道传染和经口传染。

【临床症状和病理变化】鸡通常先感染支原体，造成呼吸道黏膜被损害，后继发大肠杆菌的感染。在病的早期，多表现上呼吸道炎症，鼻、气管黏膜有湿性分泌物，伴有啰音，发展严重时，发生气囊炎、心包炎，有纤维素渗出，肝脏也被纤维素物质包围，肺部有肺炎，呈深黑色，硬化。

【诊断】根据流行特点、临床症状和病理变化可做出初步诊断，要确诊此病须做细菌分离、致病性试验及血清鉴定。继发性大肠杆菌病的诊断，则必须在原发病的基础上分离出大肠杆菌。

【防治】做好环境卫生消毒工作，严格控制饲料、饮水的卫生和消毒，做好各种疫病的免疫。严格控制饲养密度，做好舍内通风换气，定期进行带鸡消毒工作。避免种蛋被粪便污染，凡是被粪便污染的种蛋一律不能作种蛋孵化，对种蛋和孵化过程严格消毒。此外，定期对鸡群投喂乳酸菌等生物制剂对预防大肠杆菌有很好的作用。

六、禽巴氏杆菌病

【病原学】该病的病原体是多杀性巴氏杆菌。巴氏杆菌对消毒剂的抗性较弱，在5％生石灰、1％漂白粉、50％酒精和0.02％汞溶液中1分钟即可杀死。这种细菌的耐热性不强，在60℃下10分钟即会死亡。在阳光直射下，巴氏杆菌会很快死亡。它可以在腐烂的尸体中存活3个月，可以杀死各种实验动物，如小鼠、兔子和豚鼠。

【流行病学】禽巴氏杆菌病影响所有家禽和野生鸟类。鸡和鸭最易受感染，鹅的易感性较差。这种疾病有时是从其他地方传入的，有时是自然发生的。购买的病禽或处于潜伏期内的家禽可带入疾病。多杀性巴氏杆菌广泛分布于自然界，是一种条件致病菌。在健康鸟类的呼吸道中发现，但不发病。如果饲养管理不当，天气突然变化，蛋鸡营养不良、身体抵抗力减弱，细菌毒力增强，疾病就会发生。特别是健康鸡被转移到带有细菌的鸡群中，或带有细菌的鸡被转移到其他鸡群时，容易引起疾病流行。该病季节性不明显，但以夏末秋初发病最多，在潮湿地区也易发生，主要通过呼吸道和皮肤创伤传播。病鸡的身体、粪便、分泌物和受污染的运动场所、土壤、饲料、饮用水和用具是主要感染源。维生素缺乏、蛋白质和矿物质缺乏、感冒等都可能成为该病的诱因。昆虫也可能是该病的传播媒介。

【临床症状和病理变化】自然病例的潜伏期一般为 2～9 天。由于病原体的毒力和鸡的抗性不同，禽霍乱的临床症状也不同。

（1）最严重型　几乎看不到症状，突然死亡。

（2）急性型　病鸡表现情绪低落，羽毛松散无序，颈部紧缩，眼睛闭合，背部呈弓形，头部隐藏在翅膀下，食欲减退。由于发烧，死亡前可以看到病鸡饮水增多、呼吸困难，头、冠发绀和下垂等。病鸡常腹泻，排出白色水样或绿色黏液，伴有恶臭粪便。产蛋量显著下降，受精率和种蛋孵化率显著下降。病程短，通常在发病数小时或数天内死亡。急性型在病鸡存活后转变为慢性感染或康复。

（3）慢性型　病鸡逐渐消瘦，精神疲惫，贫血。冠、髯苍白色、水肿变硬。关节炎通常局限于腿部或翼关节和腱鞘，关节肿胀、跛行，切口内可见脓性干酪样物。少数病例有颈部弯曲或鼻窦扩大等症状。蛋鸡常发生腹膜炎。

【诊断】根据病史、临床症状和病理变化怀疑禽巴氏杆菌病时，可用病鸡肝脏或心血做涂片，分别进行革兰氏或瑞氏染色、镜检。当发现有大量的两极染色的革兰氏阴性菌时，可做出初步诊断。最后确诊必须进行病原分离培养、鉴定和动物接种试验。

【防治】养禽场应建立必要的饲养管理和卫生防疫制度，引种时要进行严格检疫，防止本病的传入。在发病地区应对本地鸡群定期进行预防注射，并采取综合防疫措施，以防止本病的发生和流行。发现本病时，应及时采取封锁、隔离、治疗、消毒等有效的防治措施，尽快扑灭疫情。

七、鸡传染性鼻炎

【病原学】鸡嗜血杆菌是多态性的，初分离时为革兰氏阴性菌，无芽形成，无荚膜，无鞭毛，不能移动；培养 24 小时，呈球形，有丝状生长趋势；培养 48～60 小时后发生变性，呈片状、不规则形状，移到新鲜培养基中恢复典型的茎状或球状状态。

【流行病学】该病可发生在各年龄段的鸡，感染严重的是老年鸡。病鸡和隐性携带者是主要传染源。它主要通过水滴和灰尘经呼吸道传播，但也可以通过受污染的食物和饮用水经消化道传播。

这种疾病的发生与某些可能降低机体抵抗力的原因密切相关。如果鸡群拥挤、通风不良、鸡舍内闷热、氨浓度高，或鸡舍冷湿、缺乏维生素 A，寄生侵染可促进病重鸡群的生长发育。禽痘疫苗免疫后鸡的全身反应也是感染鸡传染性鼻炎的一个常见原因。该病主要发生在冬季和秋季，可能与气候和食物管理条件有关。

【临床症状和病理变化】鸡患病后鼻腔和鼻窦的炎症通常只表现为鼻腔分泌物稀薄，通常不被注意到，常见的症状是鼻孔先流出清涕，然后变成黏稠的浆液分泌物，有时会打喷嚏。面部肿胀或水肿，眼结膜炎，眼睑肿胀。食欲不振，失水或痢疾，体重减轻。病鸡情绪低落，脸肿，头缩，行动迟缓，生长发育不良，成鸡产蛋率下降。如果炎症扩散到下呼吸道，呼吸困难，病鸡常摇头排出呼吸道黏液，并有啰音。分泌性凝块也可能积聚在喉咙里，导致病鸡窒息而死。

虽然该病发病率很高，但死亡率很低，在鸡群恢复阶段，死亡数有所增加，但没有出现死亡高峰。病理解剖变化也比较复杂多样，有的死鸡有一种疾病的主要病理变化，有的有两种或三种疾病的病理特征。

【诊断】本病和慢性呼吸道病、慢性禽霍乱、禽痘以及维生素缺乏症等的症状相类似，故仅从临诊上来诊断本病有一定的困难。此外，传染性鼻炎常有并发感染，在诊断时必须考虑到其他细菌或病毒并发感染的可能性。如群内死亡率高，病期延长时，则须考虑有混合感染的因素，须进一步做出鉴别诊断。

【防治】鉴于本病常由于外界不良因素而诱发，因此平时养鸡场在饲养管理方面应保持环境干净整洁，关注生物安全。鸡舍内氨气含量过大是发生本病的重要因素。特别是高代次的种鸡群，鸡群数量少、密度小、寒冷季节舍内温度低，为了保温门窗关得太严，造成通风不良。为此应安装供暖设备和自动控制通风装置，可明显降低鸡舍内氨气的浓度。

我国已研制出鸡传染性鼻炎油佐剂灭活苗，经实验和现场应用对本病流行严重地区的鸡群有较好的保护作用。根据本地区情况可自行选用。

八、鸡弯曲杆菌性肝炎

【病原学】鸡弯曲杆菌性肝炎又称鸡弧菌性肝炎，是主要由空肠弯曲杆菌引起的幼鸡或成年鸡的一种传染病。弯曲杆菌呈逗点状或 S 型，微需氧（5％氧气、10％二氧化碳和 85％氮气），革兰氏染色呈阴性，单极或少数两极有鞭毛，运动快速，不形成芽孢。分离空肠弯曲杆菌时，可使用含有抗菌药物的选择性培养基，通常要培养 24 小时后才能见到菌落，如果接种量小或使用选择培养基，有时要 72 小时才能见到菌落，菌落细小、呈圆形、半透明，在血琼脂平板上不溶血。

【临床症状和病理变化】本病多见于青年鸡和产蛋鸡，一般呈散发或地方性流行。病鸡常表现出精神倦怠，消瘦，体重减轻。肝脏肿大、坏死，边缘钝圆，表面有大小不等灰白色坏死灶，伴有腹腔内大量血水。脾脏肿大、有小出血点，肾肿大苍白。雏鸡也可发病并带菌，多呈急性经过，临床症状不典型。青年鸡多呈亚急性经过，产蛋期明显推迟，产蛋率明显下降。

【诊断】根据鸡群的流行病学、临诊症状、肉眼及镜检的病理变化可做出初步诊断，但最后确诊应根据弯曲杆菌的分离和鉴定为依据。培养弯曲杆菌最好的材料是胆汁，可用灭菌注射器抽取胆汁，也可采取肝、脾、肾、心、心包积液及盲肠内容物用于病原分离。

【防治】本病尚无有效的免疫制剂，由于从正常鸡肠道亦能分离到弯曲杆菌，认为空肠弯曲杆菌可能是一种条件性致病菌，在其他免疫性疾病发生时，使弯曲杆菌的潜伏性感染转为暴发流行。因此需要加强饲养管理，做好鸡舍的生物安全防控，提高饲料的营养水平，定期对鸡舍、器具等进行消毒，减少应激因素的刺激。滥用抗生素破坏肠道菌群可促进本病的发生。

第四节　常见支原体疾病防治

一、鸡滑液囊支原体病

【病原学】蛋鸡滑液囊支原体病是由于感染鸡滑液囊支原体而发生的一种急性或者慢性传染性疾病，主要特征是关节渗出性的滑液囊以及腱鞘炎症，多种禽类如鸡、鹅、鸭等都可感染。该病全年任何季节都能够发生，但多发生于气候多变的冬春季节。各个日龄的鸡都可感染，其中对雏鸡及青年鸡有较大危害，而成年鸡往往呈隐性感染。该病会导致鸡群生长发育缓慢，严重时会推迟开产，无法达到正常的产蛋高峰，且持续时间较短，需要加强防治。

【流行病学】鸡群存在该病原时，易发生混合感染，加剧病情，死亡率增高，造成严重的经济损失。通常是 50～100 日龄的青年蛋鸡、产蛋高峰期或者刚开产的蛋鸡容易感染鸡滑液囊支原体病。带菌种蛋鸡是该病的主要传染源，其能够长时间排毒，往往可持续 15～50 天。该病也能够通过排泄物、呼吸道以及空气中的气溶胶进行传播。另外，传播媒介也很多，如污染病原体的器具、饲料、衣服、鞋、车辆，以及空气中携带病原体的微颗粒等，都能够传播该病，因此不宜防治，导致大部分鸡场都出现程度不同的感染。通过种蛋垂直感染的雏鸡通常在小于 1 周龄时即可出现发病，而通过自然接触感染的雏鸡通常具有大约 10 天的潜伏期，在管理条件、生活环境良好时，潜伏期可长达几个月，但只要鸡群生活环境条件突然变得恶劣或者受到不良因素的刺激，就会快速出现发病。例如，鸡舍寒冷、潮湿、没有适当通风，转群、接种疫苗操作不当等，都能够诱发该病，并促使症状加重。由于养殖户没有重视该病的控制，大部分鸡场也未适时免疫接种相应疫苗来预防发病，导致病原体的污染更加严重，更多鸡场出现发病。刚开始时，鸡群中只有个别鸡出现发病，若没有及时加以控制，可扩散至整群。但病鸡的病死率较低，通常低于 10%。成年鸡感染后通常不会表现出明显的症状或者只有轻微症状，往往会被忽视。鸡群感染发病后，通过及时用药治疗，能够快速控制住病情，但无法彻底将所有病原体都消灭，使鸡群体内终身存在病原体。

由于该病会导致一些鸡发育不良，从而使鸡群均匀度变差。如果没有及时进行适当淘汰，则可能导致产蛋高峰期推迟。鸡感染发病后，机体抵抗力下降，非常容易混合感染大肠杆菌等，增大治疗难度，同时病死率明显升高。另外，该病还会影响其他活疫苗的免疫效果，导致鸡接种疫苗后的效果变差，甚至出现免疫失败。

【临床症状和病理变化】发病初期，鸡群采食速度减慢，采食时间变长。经过1～3天，鸡群采食量开始减少，接着有些鸡表现出精神不振，有些出现瘫痪，但人为驱赶时还可行走，步态稍微呈八字步，无法稳定站立，呈现跛行。随着病程的进展，病鸡的鸡冠发白，并发生萎缩，经常卧地，生长发育缓慢，体型消瘦，羽毛蓬松杂乱，伴有贫血，排出绿色或者白色稀粪，关节四周往往出现肿胀，特别是趾关节和跗关节比较明显，用手触摸有热感，且较为松软。发病后期，病鸡的关节发生变形，往往卧地不起，机体严重消瘦，最终衰竭而死，或者并发感染其他细菌性疾病而死。蛋鸡产蛋量可下降20％～30％。

【诊断】病原的分离鉴定：取急性病鸡的关节液以及肝脏或者脾脏组织，加入适量液体培养基进行研磨制成悬液，接着将其在支原体培养基琼脂斜面上接种培养，挑取菌落制备抗原悬液，使用阳性血清进行鉴定，也可选择鸡滑液囊支原体荧光 PCR 试剂用于鉴定。

血清学检查：采集病程持续较长的病鸡的血液制备血清，使用鸡滑液囊支原体平板凝集试剂用于检测。

【防治】对于商品蛋鸡可选择免疫接种鸡滑液囊支原体活疫苗，一般采取点眼免疫，该疫苗株不具有致病性，且可以在上呼吸道定植，持续对机体形成免疫保护，避免感染野毒。需要注意的是，该疫苗只适合健康鸡群接种，最早可在4周龄接种；接种活苗的前2周和免疫后的4周禁止使用会影响呼吸道支原体的抗生素。另外，也可使用国产的鸡滑液囊支原体和鸡毒支原体二联灭活疫苗，但需要进行1次加强免疫，才可避免携带病原体的鸡群出现发病。病鸡症状严重时，即表现出精神沉郁、食欲废绝以及明显跛行症状，则要直接采取淘汰处理。

同时应加强饲养管理，在鸡场门口要设置消毒池及消毒通道，对进入鸡场的车辆、物品和人员进行严格消毒。场外防疫人员进入鸡舍时需要经过彻底消毒，穿上防护服，戴好口罩。加强防鸟灭鼠措施，避免野生鸟类、老鼠、吸血昆虫以及苍蝇传播该病。鸡场日常要保持干净卫生，定期进行消毒。鸡舍门口需要设有消毒池，并注意适时更换池内的消毒液。饲养员禁止随意串舍，饲养工具也不允许混用。坚持对鸡场内外环境使用高效消毒剂进行消毒，还要采取带鸡消毒。一般来说，场区每周适宜进行1～2次消毒，舍内每周适宜进行2～3次带鸡消毒。

二、鸡毒支原体病

鸡毒支原体病也称为鸡败血支原体病或鸡慢性呼吸道病，是由于感染鸡毒支原体而发生的一种慢性呼吸道传染病，多见于鸡和火鸡。病鸡主要是出现呼吸道症状，往往发生气管炎、气囊炎等，典型特征是气喘、咳嗽、流鼻液以及呼吸啰音。病程进展缓慢，持续时间长，能够在鸡群中长时间存在和扩散。该病在世界各地都可发生，我国也普遍发生，近几年已经变成严重危害养鸡业的一种重要传染病，应加以重视。

【病原学】鸡毒支原体也称鸡败血支原体，一般呈卵圆形或者球形，且病原体的一端或者两端存在"小泡"极体，该结构与其吸附性有关。鸡毒支原体具有较弱的环境抵抗力。病原体对紫外线敏感，如阳光直射即可快速失活，且大部分化学消毒剂都能使其快速失活。另外，病原体的耐热性较差，在50℃条件下加热20分钟就会被杀死，在20℃的鸡粪中能够生存1～3天，在水中马上死亡，在37℃卵黄中可存活18周左右，在45.6℃孵化鸡胚中经过12～14小时就会失活。接种于肉汤培养基后，在4℃条件下可存活1个月，在−30℃条件下能够保存1～2年，在−60℃条件下能够保存10年以上，冻干后的培养物在−60℃条件下能够生存更久。

【流行病学】该病的主要传染源是病鸡和隐性感染鸡，可通过两种途径传播，即水平传播和垂直传播。病鸡在打喷嚏、咳嗽时，病原体可经由呼吸道分泌物排到体外，并在空气中的尘埃上附着，当健康鸡吸入后即可通过呼吸道感染。另外，病原体也可污染饮水、饲料等，导致健康鸡通过消化道感染。此外，当种鸡感染后，所产种蛋孵出的弱雏通常都带有病原体，从而成为传染源。

【临床症状和病理变化】病雏鸡的主要症状是打喷嚏和咳嗽，鼻孔流出浆液或黏液，经常阻塞鼻孔，影响呼吸，经常摇头。当渗出物积聚在鼻腔和眶下窦时，会导致眼球结节的泪水增多，结膜潮红，眼睑肿胀。当炎症扩散到下呼吸道时，会引起病鸡更明显的喘息和咳嗽。成年鸡的感染症状与雏鸡相似，但较轻，不明显，混合感染时可能有明显的临床症状；蛋鸡的感染会导致产蛋率下降。

主要的病理变化是呼吸道损伤。解剖检查可发现病鸡鼻孔、气囊、气管、支气管有大量黏液或卡他性分泌物，气管壁轻度水肿。起初，气囊膜厚而浑浊，呈不透明的灰白色，有黄色泡沫，气囊壁上有乳酪状渗出物。

【诊断】鸡毒支原体病单纯依靠症状和病理变化无法取得直接有效的诊断结果，如果需要确诊必须经由实验室诊断。当前实验室诊断鸡毒支原体病的方法主要有三种，即血清平板凝集试验（SPA）、血凝抑制试验（HI）及酶联免疫吸附试验（ELISA）。SPA试验方式操作简单，具有很好的重复性，鸡感染此病会在7～10天后呈现阳性反应，是目前群体检测中最为常用的一种检测方式。HI检测方式有良好的特异性，准确性高，但其也具有一定的局限性，如敏感性较差，通常需要在鸡感染3周后才可以检出；另外，这种方式对检测环境的要求较高，使用的剂量大，操作流程也较为繁琐，在实验室诊断中不常用。ELISA是通过检测鸡抗体水平来确定是否患病，此法操作简单，只需要采集少量的血样即可开展检测，更重要的是 ELISA 稳定性好，在临床诊断和实验室研究中均有广泛的应用。

【防治】鸡群感染该病的主要措施是免疫接种，可选用灭活疫苗或者活疫苗。对于疫情严重地区或者鸡场，要配合使用灭活疫苗与活疫苗。灭活疫苗中，油乳剂灭活疫苗具有较好的免疫效果，适合种鸡和蛋鸡接种；活疫苗不仅可对未感染发病的健康鸡群接种，也可对易感染的鸡群接种，接种后的免疫保护率可超过 80%。疫苗接种时，尽可能采取滴鼻、滴眼、注射的方式，如果条件允许可采取喷雾方式。

第五节　蛋鸡疫苗免疫程序

一、蛋鸡的常用疫苗及使用方法

1. 鸡马立克氏病疫苗　马立克氏病火鸡疱疹病毒活疫苗用于预防鸡的马立克氏病，适用于各种品种的 1 日龄雏鸡。按说明书稀释，颈部皮下注射。接种后 10～14 天产生免疫力，免疫期为 1.5 年。

针对鸡的马立克氏病的二价疫苗用于预防鸡的马立克氏病。根据标签上注明的剂量，将疫苗注射到专用稀释剂中稀释疫苗，每只雏鸡颈部皮下或浅表肌内注射。1 日龄雏鸡接种后 1 周即可产生免疫力，可获得终生免疫。

2. 鸡传染性法氏囊病疫苗　鸡传染性法氏囊病活疫苗用于预防鸡传染性法氏囊病。该疫苗可用于各种品种的雏鸡。可根据瓶标标示的剂量，用无菌生理盐水适当稀释。可通过滴眼液、饮水等方式免疫，也可皮下或颈部皮下注射。

传染性法氏囊病油乳灭活疫苗，雏鸡颈部皮下注射或胸浅层肌内注射。建议将传染性法氏囊病活疫苗与灭活疫苗联合使用，以预防鸡传染性法氏囊病。

3. 鸡新城疫疫苗　鸡新城疫Ⅰ系减毒疫苗专门用于已接种鸡新城疫减毒疫苗（Ⅱ、Ⅳ系疫苗）的2月龄以上鸡的免疫。使用前，根据瓶标上注明的剂量，用无菌生理盐水适当稀释，皮下或肌内注射于胸腔内进行免疫。注射后3～4天即可产生免疫力，免疫期为6个月。

新城疫Ⅳ系减毒疫苗可预防不同品种鸡的新城疫。使用时，按瓶标标示的剂量，用无菌生理盐水适当稀释。幼鸡可通过饮水、滴鼻液、滴眼液和气雾剂进行免疫。通常的免疫期是3个月。

4. 鸡传染性支气管炎疫苗　鸡传染性支气管炎活疫苗用于预防鸡传染性支气管炎。H120疫苗用于新生鸡，H52疫苗专门用于1个月以上的鸡。使用前按瓶标明的剂量应用无菌生理盐水适当稀释，然后滴鼻或饮水免疫（鼻免疫最好）。免疫后5～8天开始产生免疫力，H120疫苗免疫期为2个月，H52疫苗免疫期为6个月。

禽传染性支气管炎油乳灭活疫苗用于预防鸡传染性支气管炎。使用时摇匀，颈部皮下或肌内注射。免疫期可达4个月。

鸡肾、呼吸道感染性支气管炎二价活疫苗可用于预防呼吸道和肾脏感染性支气管炎。可用于21日龄以上鸡滴鼻或饮水免疫。

5. 鸡传染性喉气管炎疫苗　鸡传染性喉气管炎弱毒疫苗，用于预防鸡传染性喉气管炎。该苗一般用于35日龄以上的鸡，用前按瓶签说明用灭菌生理盐水适当稀释，采用点眼免疫，产蛋鸡在产蛋前2～4周加强免疫1次，免疫期约为6个月。

鸡传染性喉气管炎油乳剂灭活疫苗，用于预防鸡传染性喉气管炎，使用时充分摇匀，鸡颈部皮下或胸部肌内注射。免疫期可达2～4个月。

6. H5N1 高致病性禽流感疫苗　该疫苗应该在家禽机体良好的情况下采用胸部肌内注射的方式接种。在低日龄家禽的首次免疫时，应尽量避开母源抗体高峰期。

7. 其他　产蛋下降综合征灭活油乳疫苗用于预防产蛋下降综合征。接种时摇匀，蛋鸡在产蛋前2～4周肌内注射到胸部。免疫期约为6个月。

鸡病毒性关节炎油乳剂灭活疫苗适用于2月龄以上的各类蛋鸡群，预防鸡病毒性关节炎。使用时摇匀，颈背部中下1/3处皮下注射或肌内注射。免疫期为4～6个月。

二、免疫监测

1. 监测的时间、频率和比例　使用弱毒疫苗免疫的，对雏鸡第二次免疫14天后采集血样检测一次；使用灭活疫苗免疫的，家禽免疫后21天，采集血样检测一次，以后每隔1～2个月检测一次。每次采样比例为0.1％～0.5％，总量不得少于40份。

2. 检测方法　按照相应的血清学检测标准的规定执行。

3. 免疫效果评价　弱毒疫苗，鸡群免疫抗体转阳率达到50％为合格；灭活疫苗，相关抗体效价达到相应标准为免疫合格，群体免疫抗体合格率达到70％时为群体免疫合格。

三、免疫程序优化

完备有效鸡只的免疫程序是预防蛋鸡疾病的关键，但是养殖场还需要考虑成本问题，如何提高免疫效率又减少免疫成本是养殖场需要考虑的难题。养殖场可以按照"边检测、边优化，实现精准免疫"的思路，通过监测鸡群的相关抗体水平，对高质量疫苗、浓缩苗进行筛选，减少疫苗接种次数，保持高效价，这样达到既保证免疫的有效性，又降低相关成本的目的。

第六节　减抗背景下蛋鸡细菌病的源头防控

近年来，我国蛋鸡养殖业越来越趋向于集约化、密集性的饲养，给养殖户带来很好的经济效益，但同时各类疾病在规模化蛋鸡养殖场的发生率也随之增长，不仅给养殖户带来严重的经济损失，还影响蛋鸡生长和蛋品质量。

传统蛋鸡养殖主要靠投喂抗菌药物来防治细菌病，抗菌药物的不合理使用导致耐药性问题严峻，我国已成为畜禽病原菌耐药性严重的国家之一，投药导致鸡蛋中的药物残留，严重影响蛋品安全。鸡病原菌耐药性是细菌病防治难、用药量大、产品药残高的关键问题，不仅加剧兽药残留，还增加了动物源耐药病原菌直接或通过食物链间接感染人，或将耐药基因转移给人类病原菌造成人用药疗效下降甚至失效的风险。在产蛋期不用抗菌药物，并生产出"无菌、无抗"的鸡蛋，已成为国内外细菌病防治的难题。农业农村部发布了《兽用抗菌药使用减量化行动试点工作方案（2018—2021年）》，规模化养殖场抗菌药物减量化已成为国家战略，亟须转变传统蛋鸡养殖中细菌病靠投喂抗菌药物的防治方式。蛋鸡细菌病防治的重点（图8-1）从以保护易感动物为重点转变为以控制传染源和切断传播途径为重点。第一，细菌病的防治应坚持"预防为主、养防结合、防重于治"的原则，抓好预防措施的每一个环节。细菌能通过垂直和水平两种方式进行传播。对于沙门菌等能垂直传播的细菌，需要从繁殖场和孵化场就开始进行监测，确保全部雏鸡都来自没有被病原菌污染的繁殖场。对于通过生物媒介（蚊、蝇、老鼠等）和非生物媒介（饲料、空气、水）进行水平传播的细菌，需要消除传播源，切断传播途径，确保饮水及饲料没有被病原菌污染，对鸡场进行定期消毒，搞好环境卫生，消灭蚊、蝇、老鼠等。第二，加强饲养管理，鸡场要定期消毒，一旦发现病鸡，马上隔离，对病死鸡进行无害化处理。鸡舍入口应有消毒池，并经常更换消毒药，进入鸡舍需换专用工作服和胶靴，防止外来人员带入病原菌。确保鸡舍通风良

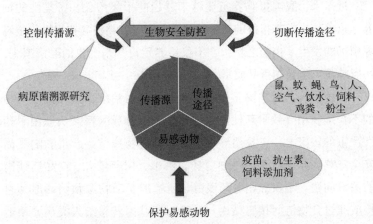

图 8-1　蛋鸡细菌病防治的重点

好，光照、温湿度符合饲养管理要求。第三，定期监测并合理用药。对于病原菌要定期监测，一旦检出，需要根据细菌的药物敏感性合理选择药物，避免滥用药和不合理用药造成的细菌耐药性。

第九章
减抗养殖企业案例

第一节　北京市华都峪口禽业有限责任公司

　　随着生活水平的提高，人民群众对美好生活的追求也已经从原来简单的"吃饱"到现在的"吃得安全"。食品安全与我们家禽饲养管理过程中的减抗是息息相关的。食品安全已经逐步深入广大消费者的心中，而且食品安全也已经进入我国的法律范围。那么如何保证传统养殖行业中蛋鸡生产行业真正实现食品安全，这是一个系统性的工程。

　　虽然中国蛋鸡养殖规模化水平在提升，但是中小养殖户的饲养模式仍然是养殖的主体，由于对疾病认知不清，盲目过度免疫普遍存在全覆盖的现象。疾病全覆盖即所有的疾病全部依靠免疫解决；毒株全覆盖即对所有的毒株全进行免疫；剂型全覆盖即所有的剂型一个不落进行免疫；日龄全覆盖即从雏鸡一出壳，各种免疫就接踵而至。我们的临床兽医一直在做加法，而不敢做减法。这种情况之下，导致我们的防疫成本过高，鸡群的负担过重，导致生产指标下降，更影响了鸡群的健康，导致更多兽药疫苗的使用、疾病更加难防。

　　北京市华都峪口禽业有限责任公司（以下简称"峪口禽业"）作为世界三大育种公司之一，立志引领中国蛋鸡行业健康发展。自2012年开始，峪口禽业联合科研院所，疫苗厂家共同研究蛋鸡减负工作。在以峪口禽业"4321"疾病防控精髓为核心，以"4335"

生物安全体系为基础，开展科学减负，遵循鸡只生理、抗体产生及疾病发生三大规律，对免疫、投药、消毒、监测四项程序进行了优化。

一、科学减负的理念

科学减负是对免疫程序、投药程序和消毒程序进行优化。科学减负的核心是优化免疫程序，即科学合理地使用疫苗，对规模化养殖场的免疫程序进行优化。首先要对免疫有一个科学的认识，免疫不是越多越好、剂量越大越好。疫苗免疫仅是我们防控疾病的一个重要环节。防控疾病需要我们在消灭传染源、切断传播途径、控制易感动物三个方面形成合力才能有效控制疾病。消灭传染源和切断传播途径是第一、第二道防线，靠强化生物安全来实现，疫苗免疫是疾病防控的最后一道防线。因此我们需要根据养殖场的生物安全管理水平、疾病的流行情况以及疾病的风险评估制定合适的免疫程序，实行"一场一策"的制定措施。峪口禽业结合中国家禽生产的环境，在"4321"疾病防控精髓的基础上总结了"12345"的科学减负理念。

二、科学减负理念的实施

峪口禽业联合科研院所、院校专家、疫苗企业共同研究蛋鸡科学减负的技术，建立"12345"科学减负行动方案。

（一）"一个核心"

科学减负以优化免疫程序为核心，不同的疾病有不同的特点，其防控的关键点和防控方案也不同，在制定免疫程序时需要我们根据每种疾病的特点，找到针对性的防控措施，形成"一病一策"的综合防控方案。同时每一种疾病的免疫程序在制定时也需要根据鸡群的场区、季节、日龄、品种、代次等特点优化免疫程序，形成"一场一批一策"。

（二）"两个原则"

科学减负遵循在鸡群健康的基础上减负、减负使鸡群更健康的原则。减负不是盲目的减负，需要针对实际情况，科学合理地制定措施。首先要做的是保证鸡群的健康，如果盲目减负使鸡群的健康受到影响是得不偿失的。通过科学的减负可以优化免疫程序，减少疫苗以及人工操作对鸡群的应激，有利于鸡群生产水平的发挥。科学减负的目标是达到鸡群健康最大化，防疫成本最小化的目标。

（三）"三个规律"

科学减负要遵循鸡体的生理规律、疾病的发生规律以及抗体的消长规律。我们深入研究这三个规律，在这些规律的基础上，研究科学减负。

1. 鸡体的生理规律　鸡体在不同的生理阶段，各系统的发育进程不同，3周龄前鸡的免疫系统发育不成熟，同时机体的抵抗力比较差。对3周龄以内的鸡进行过多的免疫会对免疫器官（如脾脏和法氏囊）的发育有所影响，影响鸡群的免疫效果，严重时会造成免疫抑制。其次雏鸡具有母源抗体，对机体有一定保护作用，在进行免疫程序制定时要考虑母源抗体对免疫的影响。因此，对3周龄以内的鸡我们一般建议不进行大规模的免疫，仅通过生物安全的手段、严格的饲养管理控制疾病的发生。

2. 疾病的发生规律　不同的疾病有其不同的发生规律，峪口禽业通过总结不同疾病的易感鸡群代次、日龄、易感季节等，摸索出蛋鸡主要传染性疾病的感染规律以及发生规律，利用这些规律制定不同代次、日龄、季节饲养鸡群的合理的免疫程序。比如法氏囊疾病主要感染产蛋前的后备鸡群，免疫需要在低日龄完成。禽流感疾病的发生一般在秋冬季节，产蛋高峰期的、抗体水平低和体质差的鸡群易发病，冬、春季节育雏鸡群易发病，是一种受环境变化影响较大的免疫控制性疾病。应根据这些疾病的特点制定免疫程序。

3. 抗体的消长规律　疫苗免疫后鸡体内抗体水平的变化有其特定的规律。使用不同的疫苗，产生的抗体水平不同，不同的抗体水平对疾病的保护效果不同。因此要选择质量好的、效果好的疫苗进行免疫。在前期的免疫中，要考虑母源抗体的影响，母源抗体在21日龄降至最低点，之后再进行灭活苗的免疫，这时鸡体内抗体水平上升快、滴度高。在产蛋期我们要根据抗体的消长规律合理安排我们的各项免疫工作，保证各项抗体的均匀有效。

（四）"四个支撑"

1. 有效的疫苗　科学减负首先要保证所使用的疫苗是有效的。有效性体现在四个方面：一是疫苗针对毒株与蛋鸡场当地的流行毒株相同；二是疫苗能够使鸡体内产生足够高的抗体水平，同时维持的时间长，能够减少疫苗的免疫次数；三是疫苗还需要做到最小的应激，减少应激对鸡群生产性能以及健康的影响；四是质量稳定，无外源病毒感染，批次间稳定。

2. 科学的程序　科学的程序是指根据当地的情况、本地区的疾病或毒株、本场区的发病史、疫苗之间的相关感染、母源抗体的影响等因素，结合"三个规律"制定的"一病一策"，"一场一策"。同时制定合理的投药和消毒程序。

3. 精准的操作　精准的操作是指免疫工作要做到7个准确：做到程序准确、毒株准确、方法准确、数量准确、剂量准确、时机准确和部位准确，保证免疫工作的切实有效。

4. 及时的监测　免疫后要使鸡体内抗体水平均匀有效，抗体在保护值之上、均匀度在 4 个滴度之内。疫苗在免疫后 15 天是否产生了均匀有效的抗体依赖于科学及时的监测。一般情况下免疫后 1 个月监测一次抗体，秋、冬等易感季节，易感鸡群每 1～2 个月就需要进行一次监测。

（五）"五项措施"

1. 减疾病　对场区一直未免疫的疾病，不随意增加免疫计划，对于能够采用生物安全控制的疾病不用疫苗，对多年未发生的疾病逐步的取消免疫。

2. 减毒株　一是不流行的毒株不免疫，二是免疫时用流行的毒株代替不流行的毒株。

3. 减次数　减次数主要通过四个方面控制：一是不敏感的季节和日龄减少免疫，例如夏季可以减少禽流感的免疫次数；二是使用高科技的疫苗来减少免疫次数，例如 1 日龄使用法氏囊基因工程苗减少育雏期的两次法氏囊免疫；三是使用高质量疫苗，例如新城疫的基因 7 型疫苗，其毒株与流行毒株匹配，而且产生的抗体水平高；四是使用联苗减少免疫次数，例如使用三联或四联苗代替单苗的免疫。

4. 减剂量　减剂量是指在保证免疫效果的前提下，可根据疫苗的特点和日龄尽量减少疫苗的使用剂量，减少鸡群的应激。

5. 减应激　减应激是指在保证免疫效果的前提下，选择合适的免疫方法，尽量减少免疫带来的应激。

在优化免疫程序的过程中，同时需要优化投药程序和消毒程序。推广无抗养殖理念，以完善影响、增强体质为原则，做到有病准确投药、无病不用抗生素。优化消毒程序，以峪口禽业"4335"生物安全体系为基础，根据环境特点以及鸡群日龄优化消毒程序，减少不必要的消毒，降低内环境消毒对鸡群的应激，减少不必要的外环境消毒成本。

三、科学减负的成果

1. 经济效益　通过科学减负工作的落实，对蛋鸡免疫、投药、消毒、监测程序进行了优化，将取得成果进行应用后峪口禽业对相关数据进行统计比对：共减少蛋鸡免疫次数 20 余次；鸡只防疫成本降低 4.728 元/只；同时使鸡群高产性能得到充分发挥，所有蛋鸡均达到产蛋高峰；入舍合格鸡只单产增加 5.2 枚。以上四项优化成果共计可为公司产生年经济效益 3 681.3 万元。

2. 社会效益　科学减负的落实通过对疾病的研究，优化防疫程序，减少了鸡群应激，达到鸡群健康最大化、防疫成本最低化的目标。摸索出适合我国环境下大规模养禽场的防疫程序，对全国种鸡场程序优化起到示范推广作用，引领行业健康发展。

3. 生态效益　通过对鸡群防疫程序的优化，减少鸡群免疫、投药、消毒、监测的次数，在降低成本的同时，为无抗养殖和绿色养殖提供保障，生态效益明显。

第二节　北京德青源农业科技股份有限公司

北京德青源农业科技股份有限公司（以下简称"德青源"）是目前国内养殖规模最大的蛋鸡养殖和蛋品加工企业。企业成立 20 年来专注蛋品科研，践行品质承诺。在国家扶贫政策支持下，已在全国布局 30 个国际标准的生态农场，满产后规模可达 6 000 万羽，日提供鸡蛋 5 000 万枚。农场选址均为远离污染性厂矿及人类居住区的原生态地域。目前德青源蛋鸡存栏量达 2 600 万只，鸡蛋年产销量达 75 亿枚，位列全国乃至亚洲第一，极大促进了中国的蛋鸡养殖业的发展，同时也在规模养殖及养殖水平方面引领中国企业与国际先进水平接轨。

为推动食品安全，德青源于 2000 年创建了"鸡蛋身份证制度"，结束了中国鸡蛋"无品牌、无生产日期、无农场追溯码"的"三无"历史，推动并参与制定了中国第一部品牌鸡蛋标准，开创了我国品牌鸡蛋的先河。2020 年 7 月，德青源全国农场均通过了国际同类产品最严格的 NSF 无抗生素产品认证，也是国内首家获得 NSF 无抗生素产品认证的蛋品企业！

一、养殖场选址、布局

德青源所有农场都进行了科学选址与场区规划。优越的地理位置是做好生物安全工作的前提，好的选址和规划可以起到天然屏障的作用，是疾病防控的基础。

1. 场区选址　首先应符合本地区农牧业生产发展的总体规划；避开禁养区；场区位置选择地势高燥、交通便利、水电供应可靠、隔离条件好的地方建场；水源充足，水质应符合畜禽饮用水标准要求；场区位置尽量避开湖泊、森林等水禽、飞鸟聚集或候鸟迁徙的路线上。

2. 场区布局　园区周围设有围墙（砖砌），严格执行生产区与行政管理区、生活区相隔离的原则，净道、污道分开，互不交叉，另设病死鸡无害化处理区。鸡舍应根据主风方向与地势进行布局：行政管理区、生活区设在上风向，鸡粪处理区、废水处理区和病死鸡无害化处理区应设在下风向；后备鸡舍在上风向，产蛋鸡舍在下风向；大门前设车辆、人员消毒通道；隔离区应包括病、死鸡的剖检、化验、处理等房舍和设施，粪便污水处理及贮存设施等，该区应设在全场的下风向和地势最低处，且与其他两区的间距不小于50米。养殖场道路：生产区的道路应严格区分净道和污道，净道用于生产联系和运送饲料、产品，污道用于运送粪便污物、病畜和死鸡；场外的交通道路不能与生产区的道路直接相通。养殖场排水：场区在修路、修地面时要考虑高差，保证雨水经雨水沟排出场外；场区内污水均要通过地下污水管网进入污水处理区。养殖场地面：场区地面应全部硬化，且硬化厚度不低于5厘米。

二、环境、工艺要求及设备

1. 环境　场地周边环境符合 GB 3095—2012 规定；场内环境卫生符合 NY/T 388—1999 的规定。

2. 工艺　德青源养殖全部采用全封闭鸡舍、八层叠层笼养工艺。鸡舍喂料、饮水、光照、通风、降温、集蛋、消毒、清粪等完全自动化，以减少工作人员数量，提高了工作效率，同时降低了鸡群感染疾病的风险。鸡舍安装环境自动调控系统，舍内二氧化碳、硫化氢、氨气、一氧化碳等有毒有害气体的指标远低于相关标准的规定。环控中心根据日龄、季节、硬件等因素科学计算通风模式和通风量，保证鸡舍小环境的优良。保持鸡舍空气质量达标：监测舍内二氧化碳浓度要达标，保持在 0.3% 以内；氨气浓度保持在0.001% 以内，超标能诱发蛋鸡呼吸道疾病特别是支原体病。根据鸡群状况、舍内外环境条件和设备特点，可适时调整通风程序，但要保证系统自动控制。

3. 设备　养鸡场应具有报警系统，对饲养关键控制的供电情况、鸡舍温度等进行控制，当相关指标超过设定标准，报警器将自动启动。还应进行鸡舍粉尘控制：粉尘直接影响环境中的细菌和病毒的含量和直接感染机体的机会，舍内灰尘需采取综合防控的办法，通过封堵料箱口、喷水降尘、冲洗地面、清理设备积尘等方法将其降到最低。

三、投入品要求

1. 饲料　符合 NY 5032—2006 规定，根据鸡群日龄和生产阶段的不同，饲喂不同的饲料，以保证饲料营养能够满足鸡群生长阶段的需要，做到营养均衡。饲料安全方面，饲料原料是蛋鸡养殖的营养物质基础，优质的饲料原料是生产高品质饲料的关键。饲料生产加工过程主要是机械的粉碎和混合，对饲料原料本身的成分和品质影响有限。由品管部、采购部对每项饲料原料按企业标准进行监督和采购，确保入厂的每一批原料均达到标准要求。杜绝在饲料配方中使用存在潜在危害的饲料原料，如鱼粉、肉骨粉等动物性蛋白饲料原料。由专业人员从事原料的检测，减少人员感官判断，增加化验分析手段和方法，确保饲料原料的质量安全。原料仓储管理，饲料原料大都需要存放在干燥、通风良好的环境条件下，且要远离火源，这就要求存放原料的仓（筒）不仅能够保证原料的存放数量，还要具备防水（雨）、通风及齐备的消防设施。原料库管理应按照先进先出的原则，做好产品的有关入、出记录。未经检验的原料不应入库，尤其是在冬季应确保收购玉米的水分符合企业标准。原料库应保持通风干燥，雨、雪天气检查漏水、进水等情况，防止饲料原料发生霉变损失。原料库应做好防鼠、防鸟、防虫等工作，并尽量使用物理方法进行处理。饲料加工混合均匀变异系数≤10%，粒度符合要求。还应具有健全的配方体系，根据饲养蛋鸡品种的营养要求，不同阶段采取不同配方标准并定期跟踪体重、体型、蛋重等相关指标，根据当地养殖条件的具体要求，对配方做出适当的优化调整。

2. 兽药　德青源各农场围绕着四项原则开展疫病防控工作：生物安全、体系建设是关键；过程管控、减少应激是前提；疫苗免疫、针对防控是基础；监测体系、滚动跟踪是保障。在兽药的使用上，首先进行科学的免疫接种，根据当地的疫病流行特点，周边疫情、季节，结合鸡场自身情况制定合理免疫程序，并根据情况调整免疫程序，免疫时选择优质疫苗，进行专业操作，免疫后进行免疫效果检测。其次为适时的药物预防，规范兽药使用，筛选兽药品种，杜绝"三无"产品和违禁药物进场；场内兽医具有执业兽医师资格，做到持证上岗，同时了解兽药使用的相关法规，能够根据《中华人民共和国兽药典》和 NY/T 5030—2016 等国家标准使用兽药，掌握鸡群群体用药及常用药物配伍方案，保障鸡群健康和生产良性循环，同时做好处方用药记录。选入替抗产品：提高免疫力产品，青年鸡使用白介素、黄芪多糖等提高鸡群抵抗力；减少鸡群应激，在免疫、转群等之前，使用维生素等抗应激产品；调节肠道，关键阶段使用微生态制剂调理肠道，减少肠道疾病发生几率；中药防控，鸡群呼吸道疾病选用麻杏石甘口服液，抗炎选用植物提取精油等来减少抗生素的使用。

四、养殖健康管理

饲养方式：饲养采取全进全出的模式，要求同一场区在相对同一时间内进鸡、转群或淘汰，相对时间一般控制在 30 天内（可根据饲养实际情况进行调整，如单区投产控制在 18 天左右、两区投产之间控制在 21 天左右）；空栏时间不低于 4 周，净场时间不低于 2 周。

操作标准：做到"六统一"，即统一进鸡转群、统一品种来源、统一防疫程序、统一饲养程序、统一饲料供应、统一考核标准。

德青源在蛋鸡的疾病防控方面严格实施"六大体系"，确保疫病可防可控。

1. 生物安全标准体系　制定适合于德青源模式的生物安全标准，作为各基地的生物安全指南，每年对各农场进行生物安全评估，持续改进，不断完善，提高防疫等级；借鉴国外评估经验，参考公司生物安全标准，设立全面的客观评价表，进行评比，确保时时有追踪，年年有改进。

2. 疫情预警与预案体系　外部：专人负责收集国内外疫情信息，每天汇总发布，对疫情进行预警，掌握确保疫情动态早知道、早准备。内部：各基地建立防疫数据档案，并分析季节、品种、日龄、区域等因素，综合分析预警。内部异常上报制度：对鸡群有异常的情况按照异常标准、上报流程、解决方式等进行流程管理。疫情上报：严格按照国家重大动物疫病疫情应急预案实施。

3. 鸡群健康评估体系　专业技术人员定期巡查基地、鸡群，对鸡群消化道、呼吸道、生殖道健康进行现场评估、打分；从现场角度掌握鸡群健康状况，及时发现隐患，及时采取措施。车间环境评估：对鸡舍氨气、粉尘、饮水微生物等环境进行评估，保障鸡舍小环境质量；小区兽医人员每天巡查鸡舍和剖检病死鸡，按照标准要求，填写鸡群健康表和剖检记录表，及时发现异常情况。

4. 鸡群疫病监测体系　农场常规实验室：根据程序监控血清抗体及环境微生物水平，为养殖现场提供科学判断依据。总部检测中心：借助分子生物学和病原学检测技术，监控基地疫病流行动态；根据现场鸡群需求，试验评估适合的疫苗药品。

5. 疫病诊断体系　远程监控鸡群健康状况：每日各基地报送鸡群健康监控报表，每天对死鸡数据汇总并诊断；发现异常情况时，总部及时进行指导诊断，最大程度减少损失；目前靠线上会议、手机拍照、现场描述等方式进行远程诊断，下一步计划安装网络远程诊断平台，效率更高，诊断效果更有保障。

6. 疫苗药品管理体系　总部每年制定集采目录，确保源头可控，在保证安全的前提下，质量和效果兼顾；总部统一制定疫苗药品使用原则、审批流程、费用预算考核标准。防疫程序的制定：实行"一批一策"制度，每批进鸡前总部与基地根据周边疫病流行情况、上批鸡饲养经验教训、最近技术进展等信息，讨论确定批次饲养技术档案，包括防疫方案和饲养方案，并审批备案。

结合集团疾病防控"六大体系"，各农场定期对鸡群健康进行检测。抗体监测及免疫跟踪监测：根据免疫程序，制定免疫前、后抗体监测计划，由化验室负责监测跟踪。环境微生物检测：定期检测带鸡消毒前、后及空栏、舍内空气及水线等环境微生物，以指导现场加强环境管理。饲料微生物检测：定期检测饲料原料中细菌总数、沙门菌及霉菌等。病毒 PCR 检测：定期采集免疫鸡群咽喉、泄殖腔棉拭子做病毒 PCR 监测，判断是否感染。采样检测程序：各基地根据集团下发的采样检测程序执行，参考免疫程序、疫病流行规律等因素调整采样检测程序。

五、生物安全

建立健全生物安全体系，制定生物安全标准，定期对农场进行生物安全评估，持续改进，提高防疫等级。

1. 人员管理　内部人员进入园区通过专门人用消毒通道；身体表面采取雾化消毒、鞋底采取脚踏浸泡消毒方式；进入养殖区，通过养殖区消毒通道，包括雾化消毒、脚踏消毒、换鞋（进入更衣室前换拖鞋）、更衣、洗澡（洗澡要彻底，时间不低于 5 分钟）、更换养殖区专用工作服（除贴身衣物外的所有衣物）和工作鞋，进入

鸡舍采取脚踏消毒和洗手消毒。外地员工休假返岗或因工作需要进
入生产区的总部人员，需在指定区域隔离 24 小时以上。谢绝外来
人员参观，如有特殊情况需报总经理批准，参观人员应按照规定参
观路线和参观要求执行。育雏期封闭管理，防疫期封场管理，有外
界疫情威胁时或在冬季防疫期采取封场管理措施，严格控制人员进
出，启动防疫期消毒管理。

2. 车辆、物品管控　送料车和拉蛋车经车辆专用消毒通道消
毒后方可进入园区；公司和员工车辆统一停放在园区外停车场；拉
粪车辆只允许在污道行驶；外来送物资车辆不允许进入园区，应在
门外转接；淘鸡车辆应在指定淘鸡场内进行装卸，并做好消毒工
作。尽量减少物品进入生产车间，必须进入生产车间的物品在进入
车间前必须做到有效消毒。

3. 源头控制　选择优质的鸡苗、安全洁净的饮水保障以及安
全营养的饲料供应。消毒方式有带鸡消毒、饮水消毒、环境消毒、
空栏消毒、脚踏消毒、洗手消毒；消毒方法包括物理消毒、化学消
毒、生物消毒。地面要坚持按照程序定期清洗，做好鸡舍卫生清理
工作和车间粉尘控制，每周至少一次冲洗地面。

生物安全的硬件和软件管控需不断完善，不是一成不变；能用
硬件解决的尽量不考虑用制度解决；硬件设施是基础，操作执行到
位是关键；每年度对生物安全实施情况进行考评。

第三节　四川圣迪乐村生态食品股份有限公司

四川圣迪乐村生态食品股份有限公司（以下简称"圣迪乐
村"）初创于 2001 年，率先在行业自建全产业链，在全国 10 个多

省、市、区建有 17 个养殖基地，蛋鸡养殖规模逾 1 000 万只，市场覆盖全国。公司采用全程自控、可追溯的质量安全保障体系，发挥全产业链优势，对于从种源控制、蛋鸡养殖到蛋品加工的全程千余个关键控制点进行管理，使养殖生产环节和后端鸡蛋品质有了极大的安全和质量保障。

近年来，圣迪乐村蛋鸡养殖自动化水平和养殖管理水平进一步提升，在蛋鸡养殖减抗工作的推进上完全遵照国家有关部门的要求，出台了一系列兽用药品使用质量安全红线管理标准，形成了一套科学的、完整的、可追溯的兽药管理和减抗养殖管理体系。投入品如饲料原料、添加剂、药品疫苗、水的质量管控率达 100%，所有养殖基地产蛋期无抗养殖率达 100%。多个蛋鸡养殖基地积极参加全国减抗化行动试点创建，并顺利通过验收。严控抗生素类药物（种类和数量）用于鸡群生产，90 日龄后鸡只全部禁用化学药品，多选用中草药制剂等作替代，兽用抗生素使用量实现"零增长"，兽药残留和动物细菌耐药问题得到有效控制，形成了一套以生物安全体系防控和使用中草药为主代替抗生素的一套可复制、可推广、行之有效的减抗方案。开展的主要工作及取得的成效如下。

一、硬件和制度完善

（1）完善药品库硬件及保管制度。各类药品归类储存，有明显的标识，有完整的出入库记录和温湿度记录等，便于追溯。

（2）升级兽医室、化验室仪器设施配套，兽医室具备相应的诊疗设备，化验室能够对所采购的投入品进行常规的质量检验。

（3）完善兽医管理制度，配置相应资质兽医，兽医按照相关制度开展诊疗业务。

（4）完善兽用处方药使用管理及休药期制度，兽医按规定开具和保存处方签。

（5）定期对兽医、采购、保管等关键岗位人员进行专业培训，提高业务水平。

（6）严格按照集团提供的合格目录，筛选供应商和兽药品种，杜绝"三无"产品和违禁药物进入。

二、强化生物安全

（1）消毒灭源常规化　进、出场的人员、物品及车辆严格消毒（图 9-1），消毒液定期轮换，避免外源性病原入侵，减少鸡群发病用药。

（2）封场隔离　强化生物安全防疫管理培训，秋、冬季节进行封场管理。

（3）场区卫生防疫制度化　定期消毒，减少病原，保证鸡群健康。

（4）无害化处理　鸡粪、病死鸡等严格执行畜牧和环保部门无害化处理要求（图 9-2）。

图 9-1　消毒通道　　　　　　　图 9-2　鸡粪发酵罐

三、提高饲养管理水平

（1）组建兽医工作小组，品控部为监督组，制定减抗计划，建立健全的生物安全体系，优化饲料配方，做到营养均衡。

（2）改善鸡舍内环境，优化环控参数，确保鸡舍通风温控良好，鸡群健康生产。

（3）加强消毒卫生、规范饲养管理操作，提高鸡群抗病性（图9-3）。

图 9-3　鸡舍消毒

四、科学养殖

以预防为主，中草药保健为辅，合理选用替抗品，综合提高鸡群抵抗力。

（1）每年结合疾病流行情况修订免疫程序，定期进行病原普查和抗体检测。

（2）预防为主，加大中草药、益生菌、植物精油、酸化剂等抗生素替代品的使用。免疫前后使用黄芪多糖、多维等减小鸡群应激；使用益生菌、酸化剂等调节鸡群肠道健康，减少鸡群肠道疾病，产蛋期杜绝抗生素的使用。

（3）养殖基地兽医均应具有执业兽医师资格，持证上岗，了解兽药使用的相关法规，能够根据《中华人民共和国兽药典》及相关国家标准使用兽药，掌握鸡群用药及常用药物配伍方案，保障鸡群健康稳定和生产良性循环。

五、科学管理、减少用药

（1）建立专门的蛋鸡研究院并成立科研中心，与四川大学等高校科研院所合作，共同研究动物营养抗病技术。

（2）基地配套专业化的蛋鸡饲料生产工厂，优选原料，层层质检，从源头保证饲料质量，检测原料的黄曲霉毒素、重金属、兽药残留，三聚氰胺等，同时设计不同阶段的科学配餐，保证鸡群的营养水平和健康成长。

（3）鸡舍全采用标准化自动化设施设备，生长环境大大改善。鸡舍有通风系统、温控系统、清洁系统、净水系统（图9-4）、远程报警系统等，保证蛋鸡舒适健康成长，减少用药。

（4）及时科学地调整免疫计划，监控抗体，确保鸡群有良好的抗体滴度，增强鸡群抵抗力，避免发病，减少用药。

（5）加大中草药在鸡群日常保健中的添加量，在饲料中添加适量微生态制剂，从而维持鸡群的肠道健康及提高免疫力。

（6）定期检测蛋品内容物指标，监控兽药残留情况，并记录。

图 9-4　水净化设备

六、体系建设和指标改善成效

（1）通过历年来减抗养殖措施的实施，形成一套可复制的蛋鸡养殖减抗保健方案。

（2）产蛋期完全禁用兽用抗生素类药品，全面使用中成药、益生菌等兽用抗生素类替代品，效果显著，鸡群健康指标得到提升，产蛋期成活率指标提升 0.2%。

（3）养殖基地防疫全面升级。通过防疫硬件升级和管理流程优化，形成以生物安全、防疫隔离、消毒卫生等为主要手段的疫病防控体系，从根本上降低兽用抗生素的使用。

（4）饲料原料、添加剂、药品疫苗等投入品的质量监测率达 100%。

（5）基地参与全国减抗化行动试点创建，并顺利通过验收。

（6）减抗化行动试点基地在落地管控举措后，实现单只鸡的年度疫苗费用和药品费用降低 16%。

（7）形成一套完善的产品质量追溯和保障体系，实现种源、养殖、加工环节的全面可追溯监控。

第四节　宁夏晓鸣农牧股份有限公司

一、养殖场的建设

　　禁抗减抗对蛋鸡养殖业提出了更高的要求，宁夏晓鸣农牧股份有限公司（以下简称"晓鸣股份"）一直致力于打造生物安全第一品牌。养殖场建设是生物安全的第一步，晓鸣股份采用"集中饲养、分散孵化"的生产模式，将所有养殖基地建设在大西北戈壁滩无人区上，养殖场周边无任何人员活动，形成一道独一无二的天然生物安全屏障。在养殖场布局上，公司以建设"全进全出"的单日龄农场为基本准则，沿贺兰山麓建设数个养殖小区，各养殖小区之间互相隔离、独立生产、严格执行全进全出策略。生产场建设之前先进行总体布局规划设计，场址选择地势较高且平坦的地方，严格区分养殖区和生活区，养殖区和生活区之间设置消毒更衣通道，人员必须经过消毒更衣通道才能进入生产区域。明确饲料、鸡蛋、鸡粪车辆行动路线和人员流动路线，严格区分净道、污道，避免交叉污染。场区建设时一切以最高生物安全标准为准则，配置全面的人员洗澡、更衣、消毒通道，以及高标准的物资、车辆清洗消毒设备。

二、环境控制

　　养出健康强壮的鸡群，增强鸡只对于疾病的抵抗能力，在禁抗减抗大背景下尤为重要，而在养殖过程中，环境控制尤为重要。只有提供适宜的环境，鸡群才能健康成长并发挥出最大的生产性能，抵抗外界的疾病压力，减少抗生素等治疗药物的使用。晓鸣股份针对西北地区冬季气温低、夏季气温高、昼夜温差大、空气湿度低的气候特点，建设全密闭式鸡舍，避免外界环境对舍内的影响。夏季采用纵向通风和湿帘降温的组合方式避免鸡群产生热应激，冬季采用管道送热和热回收装置提高舍内温度，全年保持舍内温度相对稳定。纵向通风与横向通风相结合，保证鸡舍内新鲜空气的供应，及时排除甲醛、二氧化碳等废气。通过建立理论模型，分析鸡舍内空气流动方向，筛查通风死角，确保鸡舍内各个区域温湿度和氧气供应的均衡。建立一整套综合性的环境控制软件系统，通过电脑后台将各项环境参数结合在一起，根据鸡群的需求，采用设定核心参数和系统动态调节的模式，为鸡群营造一个适宜且稳定的舍内综合环境，使蛋鸡无论在育雏、育成和产蛋期均处于最佳的环境中，得到充分的生长发育，增强了对外界疾病的抵抗力，鸡群发病率显著降低。

三、规模化管理与生物安全

晓鸣股份注重"养重于防，防重于治"的指导思想，采用"集中养殖、分散孵化"的生产模式，养殖场分布于贺兰山两侧戈壁滩上，远离市区。采用分基地管理的方式，每个分区标准为存栏50万套，基地间距离在5千米以上，场区间距离在500米以上；场区间独立运行并由基地统一管理。鸡舍按地形和风向建设，结构上分区明确，净、污道分离，雨、污分离，上风向为净区、下风向为污区，场区内部设立值守区，生产区采用全封闭鸡舍，全自动饲喂、清粪设备，祖代场正压过滤通风、父母代场横向和纵向混合通风（图9-5）。全封闭式管理，饲料和种蛋运输均在场外进行，种蛋在场区内消毒处理后中转至场区蛋库，由指定车辆集中转运至孵化场；鸡粪由指定人员从场区转运至集中粪场；实行以基地为单位的全进全出饲养模式，并实行"夫妻包栋"管理，即每对夫妻仅负责1栋鸡舍的集蛋、收蛋、鸡舍消毒。进出公司需填报近期行程，坚决杜绝来自疫区和近期接触过病料、去过活禽市场的人员进入公司，进入鸡舍需在指定通道进行2次人员洗澡和物品消毒、3次隔离（48小时以上）、4次更换工作服，接触过本区域鸡粪或病死鸡的人员返回场区需隔离48小时以上，此外所有生物安全相关规定均应严格遵守《宁夏晓鸣农牧股份有限公司生物安全手册》，从基础设施设备、场区结构、管理运作上保证场区安全，杜绝传染源、切断传播途径，减少种鸡对抗生素的依赖。公司在饲料上采用色选玉米、熟化消毒加工、二次复配、多段饲料配方技术等配合精准饲喂，提高饲料利用率，降低粗蛋白等在鸡只肠道后端的发酵，从而减少鸡群肠道疾病的发生。公司分别在宁夏、新疆、河南、吉林、陕西设置孵化基地，销售区域辐射全国，通过多段转运，减少商品代市场流行疾病进入场区。

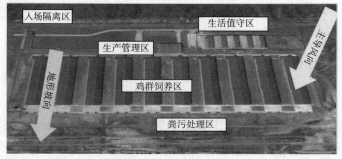

图 9-5 场区布局示意图

四、疾病防控

1. 物理隔离

（1）疾病防控基础从场址的选择开始，必须做到远离其他养殖场、屠宰场或其他禽类、鸟类疫病难以控制的场地，进行有效的地理隔离。

（2）有效控制外来人员及外来物品的进入。

（3）建立有效的隔离措施控制外部动物（老鼠、飞鸟等野生动物）的进入，如建围墙、安装驱鸟装置等。

2. 药物预防与治疗

（1）针对疾病的预防，鸡群健康是关键。每月定期检测评估鸡群健康状况。在育雏、育成期合理使用保健药物。蛋鸡在产蛋期严禁使用抗生素。

（2）产蛋期发生疾病时可使用中药，结合环境控制及疫苗免疫控制鸡群疾病暴发。

3. 疫苗免疫防控

（1）根据国家政策和场区疾病流行情况制定合理的免疫程序。

（2）制定免疫程序前应根据本场的疾病流行情况进行针对性免疫。

（3）免疫程序中针对本场的疫苗，尤其是活苗需进行合格性检测。疫苗中无外源病毒可以使用，有外源病毒则不使用。

（4）疫苗在储存、运输和使用过程中必须按疫苗存储要求严格执行。

第五节　华裕农业科技有限公司重庆李家坝鸡场

近年来，为治理保护动物源性食品安全和公共卫生安全，遏制动物源细菌耐药等问题，农业农村部发布了饲料"禁抗"令（农业农村部第 194 号公告），明确了畜禽养殖的"无抗""减抗"方向。

华裕农业科技有限公司（以下简称"华裕农业"）成立于 1982 年，是一家集蛋鸡养殖与孵化、饲料生产、蛋品加工、生态肥业为一体的现代农业产业集团，总部位于河北省邯郸市，下辖河北华裕、江西华裕、重庆华裕、吉林华裕等多家子（分）公司，旗下员工 3 000 人，资产总额达 26 亿元。华裕拥有 30 个养殖基地，年引进海兰系列祖代种鸡 10 万套，实行"引、繁、推"一体化作业，年生产雏鸡 2.5 亿只，已成为具有世界影响力的蛋种鸡领军企业。华裕农业积极按国家法律法规要求推进"减抗"工作，通过场区科学布局、环境稳定控制、饲养精细化管理、生物安全体系建设、闭环式疫病防控方案实施等集成一套完整的可复制的健康养殖模式，践行"养重于防、防重于治"的理念，从而实现健康养殖。下面以华裕农业旗下位于重庆市丰都县龙孔镇的李家坝鸡场为代表进行案例分享。

一、场区概况

场址位于重庆市丰都县龙孔镇，通讯方便，电力供应充足，有独立的深井水源，给、排水方便。周围无工矿企业，无污染源。场区处于群山环抱之中，远离村庄、主干道路、集市、其他养殖场等，隔离防疫条件良好。场区占地 41 800 米², 建有 6 栋鸡舍，存栏量为 20 万只。场区科学布局有助于生物安全打造，天然屏障、科学分区、有效隔断都可提高结构性生物安全水平。场区建设分为生活区、生产区、蛋库；鸡舍前端建设附属房，包括洗澡间、工作服清洗消毒晾晒间、物品消毒间、休息间、卫生间等，员工洗澡更衣后进鸡舍，可有效阻断病原微生物随人员进入鸡舍；建设时做到净、污道完全分离，场区光滑的实体围墙不低于 1.2 米（有效防鼠措施）；中央输料系统实现料不见天，中央清粪系统实现粪不落地，中央集蛋系统及独立的蛋库实现蛋库人员与饲养人员不交叉和接触，鸡舍后端除尘间实现粉尘不污染场区和周边环境。通过以上布局可有效提高生物安全水平，降低鸡群疫病感染风险。

二、饲养管理

为实现健康养殖，实施蛋鸡饲养精细化管理，以科学化、标准化、制度化为基石，以自动化、数字化、智能化为方向，以环境控制、现场管控、设备保障为核心，系统制定每项策略。根据饲养程序，建立各管控点的控制标准，并建立作业指导书及管理制度，确保各项措施的有效落地。

1. 环境控制管理　卫生方面需每天清洁鸡舍地面、灯泡、风机、遮光罩和料斗等，每周清理集蛋器、蛋线、笼具、水线、散热片等，除尘间应每天清扫消毒；鸡舍密闭性检测需保障不低于 40 帕的负压、鸡舍各区域温差不能高于 3℃、湿度不能低于 50%，温度管理还应实现及时性、稳定性、均匀性，即能根据外界环境变化及时自动进行调控，并实现稳定过渡、保障鸡舍不同区域温湿度的均匀性，因此采用先进的全自动、智能化环控系统，可实现分区实时控温。通过卫生管控、温湿度控制，鸡舍冬季温度不低于 18℃，且空气质量良好，实现冬季无呼吸道疾病的发生，显著提高了鸡群健康水平。

2. 精准饲喂管理　严格执行"先测后吃"，保障饲料原料安全及营养稳定。固化"1121"饲料生产工艺，保障产品质量稳定，即每月对饲料厂生产工艺、操作流程、生物安全等进行检查；每月对饲料原料、饲料加工设备及场所进行病原微生物检测；每两月对饲料混合均匀度进行检测，保证混合机的使用符合技术参数；每周监测各阶段全价饲料粒度占比，使鸡群采食的营养均衡。采用饲料高温处理工艺保障饲料入口安全；编制饲料使用说明及动态监控程序指导书，明确场区饲料库存不超过 2 天用量，每月送检料槽料、料塔料，每月清理料塔，每天清理料槽。通过精准饲喂管理，实现了饲料安全、质量稳定、营养均衡，管控了饲料的入口安全性，同时改善了鸡群肠道健康，并减少了代谢性疾病的发生，有效减少了脂肪肝综合征的发生。

三、生物安全体系建设

在原有生物安全体系基础上，形成了"123＋3456"生物安全体系，是指在"123"策划指导下，建立的"3456"现场管控措施。"123"是指一个目标、两个维度、三个要素：一个目标指建立有效的生物安全隔离区，实现发病零指向目标；两个维度是指垂直传播疾病控制和水平传播疾病控制；三个要素是指消灭传染源、切断传播途径、保护易感动物。"3456"是指三级防疫区、四级预警机制、"五流"控制、六项措施：三级防疫区是指鸡舍内、生产区、生活区防疫；四级预警机制是指根据疫情的严重程度与距离远近，确定经济有效的措施；"五流"控制是指人流、物流、车流、生物流、空气流控制；六项措施是指卫生、隔离、消毒、免疫、监测、用药措施。

第六节　湖北神丹健康食品有限公司

湖北神丹健康食品有限公司（以下简称"湖北神丹"）在蛋鸡

养殖线共有四个养殖场，分别是 70 万存笼的蛋鸡场、可供 100 万
存笼的蛋鸡育雏育成场、提供"神丹 6 号绿壳蛋鸡"10 万套祖代
与父母代种鸡场以及按照欧盟标准建设的福利蛋鸡养殖场。以上各
场均是按照相关国家标准和要求进行建设、管理和疫病防控。湖北
神丹健康食品有限公司在蛋鸡减抗养殖方面的具体作法如下。

一、蛋鸡减抗养殖场的建设

湖北神丹健康食品有限公司蛋鸡养殖场的建设依照"三级防
疫"的要求，即场外与办公区之间、办公区与生活区之间、生活区
与生产区之间按照逐渐递进的防疫隔离要求进行建设和管理；物流
按照"料不见天、粪不落地、蛋品转接"的要求进行内外传递。此
处以湖北神丹健康食品有限公司种鸡场为例进行案例分享。

湖北神丹健康食品有限公司三河生态养殖园坐落于风景秀美的
湖北省安陆市三河水库（图 9-6）。整个生态养殖园占地 0.47 千米^2，

图 9-6　湖北神丹健康食品有限公司种鸡场航拍图

拥有养殖用水面 2 千米^2，三河水库共有五个三面环水一面接陆的半岛，种鸡场坐落于其中一个半岛上。按照三级防疫要求，通过物理屏障将整场分为三个区，即办公区、生活区和生产区。种鸡场生产区根据功能分为三个大区域（育雏、扩繁和选育），共建有 8 个栋舍，栋舍的西边道路为净道、东边为污道，净道主要是饲料、人员、蛋品和其他投入品的运输通道，污道是运输粪、死鸡的通道。

湖北神丹健康食品有限公司种鸡场所有栋舍采用全封闭式的饲养模式，采用"4 机"配套模式饲养，即自动喂料机、自动光照机、自动饮水机、自动清粪机。

二、环境控制

湖北神丹健康食品有限公司种鸡场因栋舍为全封闭式，所以采用风机产生的空气负压对鸡舍进行通风（图 9-7）。

图 9-7　通风设施（左）和环控设施（右）

负压通风根据季节的不同选择不同的通风方式：冬季主要采用横向通风，保证鸡群的最小通风量、兼顾栋舍的保温；春、秋季多采用过渡通风，侧风窗和纵向进风口同时开启，保证一定的栋舍风速，减少栋舍内部的温差；夏季多采用纵向通风，利用湿帘的纵向通风，可最大程度降低栋舍内的温度。

三、规模化管理

湖北神丹的规模化养殖管理均是按照相关国家标准和要求进行的，其中涉及的内容包括：GB/T 20014.6—2013、GB/T 20014.10—2013、GB/T 20014.11—2005 等。

四、疾病防控

种鸡场疾病防控主要由疾病净化、免疫两部分组成，部分疾病净化要求如下。

1. 鸡白痢

（1）净化程序　由于现在净化阶段为监测净化阶段，因此净化为全群检测；继代选育前普检一次，淘汰阳性鸡，并对环境、笼具等彻底消毒。

（2）检测方法和标准　采用全血平板凝集法，净化标准为纯系鸡阳性率低于 0.2%。

2. 鸡白血病

（1）净化程序　由于现在净化阶段为监测净化阶段，因此净化为全群检测。病毒分离后使用 ELISA 检测 p27 抗原。40～50 周龄继代留种之前进行连续普检。母鸡采蛋清用 ALVp27 抗原试剂盒检测 p27 抗原，采用 ELISA 方法逐只连续检测三次，中间间隔半个月，淘汰阳性鸡；同时公鸡采血浆进行细胞培养，病毒分离，淘汰阳性鸡。在经以上留种前检测淘汰阳性鸡后，每只母鸡仅选用 1 只阴性公鸡的精液授精。按规定时间留足种蛋，每只母鸡的种蛋均进行标号。落盘时，将每只母鸡的种蛋置于标有母鸡号的一个专用纸袋中，置于出雏器中出雏。

（2）检测方法　病毒分离、ELISA。

（3）判定标准　S/P值≥0.1判为阳性。

（4）净化标准　纯系抗原阳性率为0。

（5）抗体分型　按照DB22T 2921—2018对阳性血清进行抗体分型。

五、生物安全

1. 日常消毒　按照湖北神丹"三级防疫"的要求，在外界与办公区之间车辆要进行轮胎喷雾消毒、车身与内部进行喷雾消毒（图9-8），进入的人员要进行喷雾消毒（图9-9）；办公区与生活区之间，人员一般不轻易进出，两区之间门仅早晚打开；生活区与生产区之间，人员进入要进行淋浴消毒和更衣（图9-10）；人员进入栋舍后，要脚踩消毒盆，手、头发要进行喷雾消毒（图9-11）；饮水要进行过滤（图9-12）；栋舍每隔3天进行一次喷雾消毒（图9-13）。

图9-8　车辆消毒池（左）和喷雾器（右）

图 9-9　进门人员喷雾消毒

图 9-10　淋浴间淋浴消毒室（左图）、更衣室（右图）

图 9-11　栋舍门口消毒（左为全景，中为脚踩消毒盆，右为喷雾壶）

图 9-12　水线加药器（左）和过滤器（右）

图 9-13　栋舍喷雾消毒（左为全景、右为喷雾机泵）

2. 物料转运　由于有防疫的需要，所有场内外的物品传递都是由转接完成的，即"料不见天""粪不落地"：场外料车将饲料转运至场内料车，然后场内料车将饲料打入各栋舍料塔，所有饲料的转接均是由封闭式罐、管完成的（图 9-14、图 9-15）；栋舍内所有鸡的粪便由纵向粪带、横向粪带（图 9-16）转接至场内粪车，最后转接到场外粪车送至有机肥厂进行鸡粪处理。

3. 无害化处理　湖北神丹每个养殖场均建有无害化焚烧炉，病死禽在死亡的当天进行焚烧处理，粪便统一送至有机肥厂进行处理，利用高温好氧发酵技术生产健康、环保的生物有机肥。

图 9-14　饲料储存罐

图 9-15　饲料转接管

图 9-16　栋舍内粪带

参考文献

艾尔肯·麦提沙比尔，2016. 鸡新城疫的治疗［J］. 新疆畜牧业（S1）：35-36.

安树元，1992. 鸡粪再生饲料［M］. 天津：天津科学技术出版社.

蔡辉益，文杰，齐广海，等，2007. 鸡的营养［M］. 4版. 北京：中国农业科学技术出版社.

蔡锐，潘玲，陈寒青，2008. 葛根异黄酮对产蛋后期蛋鸡生产性能的影响［J］. 家禽科学（4）：35-36.

蔡旭丽，2013. 鸡大肠杆菌病的诊断与综合防治［J］. 中国畜禽种业（8）：151-152.

曹俊超，吴银宝，2017. 鸡粪的物质组分及其处理技术评价［J］. 广东饲料，26（11）：19-23.

陈峰，2014. 笼养蛋鸡舍颗粒物与有害气体浓度研究［D］. 昆明：昆明理工大学.

陈宁宁，杨芹芹，2014. 无公害蛋鸡高效饲养技术［M］. 石家庄：河北科学技术出版社.

陈鑫淼，2019. 种鸡人工授精操作技术关键点［J］. 今日畜牧兽医，35（9）：43-44.

程菡，王红宁，张安云，等，2014. 禽源沙门氏菌不同检测方法的比较及分型研究［J］. 四川大学学报（自然科学版）（3）：597-602.

储美红，2016. 海安县远大蛋鸡养殖场的规划设计［D］. 晋中：山西农业大学.

崔闯飞，王晶，齐广海，等，2018. 枯草芽孢杆菌对产蛋后期蛋鸡生产性能和蛋壳品质的影响［J］. 动物营养学报，30（4）：1481-1488.

崔青青，凌小健，宁彩宏，2011. 鸡粪堆肥发酵生产技术［J］. 北京农业（30）：23-24.

崔振祥，岳建军，刘占兵，2007. 鸡坏死性肠炎的诊治［J］. 山西农业（畜牧兽医）（5）：32-32.

邓春朋，王红宁，雷昌伟，等，2015. 鸡源大肠杆菌对氟喹诺酮类药物的耐药性分析及相关耐药突变研究 [J]. 中国畜牧兽医文摘（3）：202-203.

邓明俊，肖西志，吴振兴，等，2011. 免疫 PCR 检测微量 H5 亚型禽流感病毒 [J]. 畜牧兽医学报，42（7）：1039-1045.

段宝玲，2016. 蛋鸡产蛋期的营养调控与喂料管理 [J]. 家禽科学（4）：31-32.

范佳英，2017. 鸡场环境控制与福利化养鸡关键技术 [M]. 郑州：中原农民出版社.

范理，李勤，王家才，等，2015. 规模蛋鸡场生产鸡粪有机肥的技术措施 [J]. 四川畜牧兽医，42（8）：48-49.

房莉莉，2011. 鸡传染性贫血病及其防制措施 [J]. 养殖技术顾问（12）：163.

高杨，陈辉，黄仁录，等，2010. 金盏菊提取物对蛋鸡生产性能和蛋品质的影响 [J]. 中国家禽，32（18）：26-28，31.

高玉鹏，黄建文，2008. 蛋鸡健康养殖问答 [M]. 北京：中国农业出版社.

龚利敏，王恬，2010. 饲料加工工艺学 [M]. 北京：中国农业大学出版社.

呙于明，2015. 家禽营养 [M]. 3 版. 北京：中国农业大学出版社.

郭丙全，云长晔，李莹，2010. 鸡疫苗常用免疫接种方法及注意事项 [J]. 山东畜牧兽医（1）：41-42.

国家蛋鸡体系济南试验站，2021. 蛋鸡育雏育成舍环境控制技术 [J]. 家禽科学（4）：56-57.

韩凤福，张碧雪，金彩虹，2020. 鸡白痢的诊断与防治 [J]. 畜牧兽医科技信息（5）：163.

韩路路，2015. 大蒜素对蛋鸡免疫功能及生产性能的影响 [D]. 哈尔滨：东北农业大学.

郝丹丹，张旭，陈嘉，等，2017. 牛至油对成年蛋鸡生长性能和免疫功能的影响 [J]. 中国兽医学报，37（6）：1121-1127.

郝桂兰，程雷，陈昌海，等，2005. 应用免疫胶体金试验对鸽禽 I 型副黏病毒病的快速鉴别诊断 [J]. 中国家禽，27（10）：30.

何国耀，王建国，郭福存，等，1995. 沙棘对蛋鸡生产性能影响的试验研究 [J]. 中兽医药杂志（1）：5-8.

何俊金，王建萍，丁雪梅，等，2018. 饲粮中添加高剂量茶多酚对产蛋后

期蛋鸡生产性能、蛋品质和脂质代谢的影响［J］. 动物营养学报，30
（11）：330-339.

何水兵，辜正刚，2013. 土鸡的人工授精技术［J］. 中国畜牧兽医文摘，
29（9）：54.

贺璐，龙承星，刘又嘉，等，2017. 中药对肠道消化酶活性的调节作用
［J］. 中药材（8）：1983-1986.

黄海生，2012. 种公鸡的饲养管理及采精、输精要点［J］. 养殖技术顾问
（10）：57.

黄仁录，郑长山，2010. 蛋鸡标准化规模养殖图册［M］. 北京：中国农业
出版社.

黄世猛，黄楚然，赵丽红，等，2017. 凝结芽孢杆菌对感染沙门氏菌蛋鸡
生产性能、蛋品质和血浆生化指标的影响［J］. 动物营养学报（12）：
297-304.

黄炎坤，赵云焕，2012. 养鸡实用新技术大全［M］. 北京：中国农业大学
出版社.

黄泽颖，王济民，2016. 养殖户的病死禽处理方式及其影响因素分析——
基于6省331份肉鸡养殖户调查数据［J］. 湖南农业大学学报（社会科
学版），17（3）：12-19.

贾红杰，史兆国，武书庚，等，2019. 山黄粉和黄芪多糖配伍使用对产蛋
鸡生产性能、蛋品质、血清抗氧化和生化指标的影响［J］. 动物营养学
报，31（3）：361-368.

贾伟，李宇虹，陈清，等，2014. 京郊畜禽粪肥资源现状及其替代化肥潜
力分析［J］. 农业工程学报（8）：156-167.

蒋有勇，2016. 鸡传染性支气管炎的防治［J］. 畜禽业（11）：64-65.

阚刘刚，刘艳，吴媛媛，等，2019. 鸡坏死性肠炎生物性防控研究进展
［J］. 畜牧兽医学报，50（6）：1123-1134.

康润敏，王红宁，郑炜超，等，2010. 消毒剂对规模化蛋鸡舍消毒效果的
影响因素研究［J］. 中国家禽（19）：10-13.

昆明市科学技术局主编，2006. 蛋鸡实用饲养新技术［M］. 昆明：云南
科学技术出版社.

赖兴富，陈佳静，郑江霞，等，2019. 日粮中添加茶多酚对蛋鸡生产性能
和蛋品质影响的Meta分析［J］. 中国家禽（16）：58-64.

雷元元，汪霞霞，涂明亮，2020. 鸡传染性喉气管炎研究进展［J］. 家禽
科学（8）：56-60.

李保明，施正香，2005. 设施农业工程工艺及建筑设计［M］. 北京：中国

农业出版社.

李福伟，李淑清，2015. 高效养蛋鸡［M］. 北京：机械工业出版社.

李海英，赵洁，王毅，2008. β-甘露聚糖酶对蛋鸡生产性能和鸡蛋品质的影响［J］. 中国家禽（4）：16-18.

李军国，吕小文，董颖超，等，2007. 饲料安全的"前沿"在哪里？——从配方设计，原料选购到饲料加工过程质量安全控制操作［J］. 中国动物保健（9）：103-104.

李伟立，2005. 家禽食物中毒的急救［J］. 农家顾问（7）：49.

李相成，2017. 饲料工厂总平面规划与建筑设计要点［J］. 饲料工业，38（11）：9-16.

李鑫，王红宁，杨鑫，等，2015.2012—2013 年蛋鸡 J 亚群禽白血病流行病学调查［J］. 四川大学学报（自然科学版）（4）：932-936.

李中习，2020. 浅谈养鸡场粪污无害化处理的必要性［J］. 中国畜牧业（7）：85.

廖敏，谢芝勋，谢志勤，等，2003. 一步法 RT-PCR 检测禽呼肠孤病毒的研究［J］. 中国预防兽医学报，25（1）：53-55.

林信东，2017. 鸡产蛋下降综合征的防控措施［J］. 当代畜禽养殖业（5）：23.

刘东尧，2021. 新城疫的临床诊断要点与预防措施［J］. 今日畜牧兽医，37（5）：98.

刘根新，2017. 蛋鸡绿色高效养殖技术［M］. 兰州：甘肃科学技术出版社.

刘冠华，2013. 禽波氏杆菌免疫 PCR 检测方法的建立及其亚单位疫苗的研制［D］. 泰安：山东农业大学.

刘国信，2008. 禽脑脊髓炎的防治［J］. 科学种养（3）：46.

刘继军，贾永全，2008. 畜牧场规划设计［M］. 北京：中国农业出版社.

刘立新，2006. 禽脑脊髓炎的诊治［J］. 畜牧兽医科技信息（3）：67.

刘明生，甘辉群，胡国良，等，2015. 多西环素在肉鸡可食性组织中的残留研究［J］. 江西农业大学学报，37（5）：894-897.

刘培培，臧素敏，杨丽亚，等，2017. 益母草提取物对蛋鸡生产性能和蛋品质的影响［J］. 黑龙江畜牧兽医（8）：178-180.

刘松，董晓芳，佟建明，等，2017. 饲粮添加粪肠球菌对蛋鸡生产性能、蛋品质、脂质代谢和肠道微生物数量的影响［J］. 动物营养学报（1）：202-213.

刘勇，2021. 禽伤寒、副伤寒的分析、诊断和防控［J］. 现代畜牧科（1）：

119-120.

龙彬，李周权，董国忠，等，2018. 金银花提取物对蛋鸡生产性能、蛋品质、脂质代谢及蛋黄胆固醇含量的影响 [J]. 动物营养学报，30（1）：232-238.

卢运体，李本胜，孙淑君，2009. 蛋鸡场饲料管理关键控制技术 [J]. 中国畜牧杂志，45（24）：59-60.

鲁纯养，1994. 农业生物环境原理 [M]. 北京：农业出版社.

马飞，李玉保，裴兰英，等，2007. 黄芪对肉鸡免疫力的影响 [J]. 安徽农学通报，13（5）：81-82.

马美蓉，2004. 如何正确设计饲料配方 [J]. 上海畜牧兽医通讯（4）：30-31.

马友彪，周建民，张海军，等，2017. 白酒糟酵母培养物对产蛋鸡生产性能、免疫机能和肠黏膜结构的影响 [J]. 动物营养学报，29（3）：890-897.

麦剑威，2014. 土蛋鸡饲养管理要点 [J]. 养禽与禽病防治（8）：38-40.

孟晓，王纪亭，万文菊，等，2017. 低分子质量壳寡糖对蛋鸡生产性能、蛋品质、血清生化指标、盲肠微生物数量及脾脏白细胞介素-2、肿瘤坏死因子-α 基因表达的影响 [J]. 动物营养学报（5）：143-152.

农业部畜牧业司，2014. 饲料法规文件 [M]. 北京：中国农业科学技术出版社.

彭健，陈喜斌，2008. 饲料学 [M]. 2 版. 北京：科学出版社.

秦帅，王付平，赵书河，等，2016. 松针粉对产蛋后期海兰灰蛋鸡生产性能和蛋品质的影响 [J]. 今日畜牧兽医（12）：34-36.

任永生，2017. 格氏碱、绿原酸及植物精油对鸡蛋品质的调控技术研究 [D]. 泰安：山东农业大学.

沈家鲲，曹岩峰，梁先伟，等，2017. 复合酸化剂对海兰褐蛋雏鸡生长、免疫性能和血清抗氧化能力的影响 [J]. 中国家禽，39（8）：48-51.

师红萍，周雪雁，王勇祥，等，2017. 蛋鸡沙门菌分离株生物被膜与耐药相关性研究 [J]. 中国家禽，39（2）：22-27.

石少华，杨乐武，张海军，2011. 禽巴氏杆菌病的流行特点及剖检变化 [J]. 养殖技术顾问（11）：85.

石万宏，杜子明，王统一，2007. 固原农业与草畜产业 [M]. 银川：宁夏人民出版社.

史广维，席克奇，2005. 谈养鸡生产中禽流感的诊断与防治 [J]. 畜牧兽医科技信息（11）：53-54.

思雨，2020. 规范养殖用药保障动物性食品安全——农业农村部畜牧兽医局负责人就近期发布的食品动物中禁止使用的药品及其他化合物清单答记者问 [J]. 中国食品 (3)：30-32.

宋彬彬，2011. 饲料卫生质量鉴定的基本步骤 [J]. 养殖技术顾问 (4)：95.

宋传胜，刘素萍，李海英，等，2013. 姜黄粉对蛋鸡产蛋后期生产性能的影响 [J]. 新疆畜牧业 (11)：36-39.

宋存鑫，2011. 京红京粉种鸡人工授精操作关键点 [J]. 农村养殖技术 (11)：17-18.

宋晓军，2016. 规模猪场生物安全静态无害化处理技术方法建立及初步应用 [D]. 长春：吉林大学

孙泽祥，杨挺，鲍伟华，等，2009. 鸡组织中氟苯尼考和氟苯尼考胺代谢动力学研究 [J]. 畜牧兽医科技信息 (8)：21-23.

陶双能，2020. 产蛋鸡传染性禽脑脊髓炎的诊治 [J]. 浙江畜牧兽医，45 (5)：46.

田海成，李德昌，马小虎，2010. 鸡常用疫苗及其使用方法 [J]. 养殖技术顾问 (6)：94.

田怀升，2018. 禽伤寒的预防与控制 [J]. 家禽科学 (2)：60-61.

田浪，王红宁，鲁丹，等，2009. 鸡传染性支气管炎病毒多表位核酸疫苗的构建和表达 [J]. 中国兽医学报 (6)：691-695.

田正康，丛永博，曹育明，2007. 兽用生物制品的分类及使用注意事项 [J]. 上海畜牧兽医通讯 (6)：81.

佟建明，2015. 现代高效蛋鸡养殖实战方案 [M]. 北京：金盾出版社.

王爱华，2005. EDS-76 病毒检测方法的研究 [D]. 保定：河北农业大学.

王成章，王恬，2011. 饲料学 [M]. 2 版. 北京：中国农业出版社.

王翠菊，王洪芳，陈辉，等，2011. 黄芪多糖对蛋鸡抗氧化性能和蛋品质的影响 [J]. 动物营养学报，23 (2)：280-284.

王海荣，2004. 蛋鸡无公害高效养殖 [M]. 北京：金盾出版社.

王红宁，2007. 禽病的新特点及其防治对策和用药安全 [J]. 中国畜牧杂志 (16)：12-15.

王红宁，2009. 鸡传染性支气管炎诊断方法研究进展 [J]. 兽医导刊 (11)：31-32.

王红宁，2010. 中美蛋鸡生物安全与疾病防控的比较与思考 [J]. 中国家禽 (12)：1-4.

王红宁，2012. 蛋鸡沙门氏菌病净化研究 [J]. 中国家禽 (1)：37.

王红宁，雷昌伟，张安云，等，2020. 规模化蛋鸡场病原菌溯源与生物安全防控研究［J］. 中国家禽，604（1）：7-12.

王红宁，雷昌伟，杨鑫，等，2016. 蛋鸡和种鸡沙门菌的净化研究［J］. 中国家禽（21）：1-5.

王红宁，雷昌伟，张安云，等，2020. 规模化蛋鸡场病原菌溯源与生物安全防控研究［J］. 中国家禽（1）：1-6.

王红卫，孙敏敏，孟晓，等，2013. 不同分子质量壳寡糖对蛋鸡生产性能、肠道微生物及脾脏白细胞介素-2和肿瘤坏死因子-α基因表达的影响［J］. 动物营养学报，25（11）：2660-2667.

王进宇，2017. 紫花苜蓿粗多糖对蛋鸡生产性能、蛋品质及肠道微生态的影响［D］. 北京：中国农业科学院.

王晶，杨林林，张海军，等，2018. 吡咯喹啉醌二钠对产蛋鸡生产性能、抗氧化状态和血浆生化指标的影响［J］. 动物营养学报，30（2）：667-677.

王君荣，刘敬盛，李燕舞，等，2016. 紫苏籽提取物对蛋种鸡生产性能的影响［J］. 畜牧与兽医，42（11）：28-31.

王俊豪，丛萌，陶燕飞，等，2020. 鸡蛋中抗菌药物残留消除规律研究进展［J］. 中国抗生素杂志，45（12）：1208-1220.

王琳，王飞，2017. 姜黄对蛋鸡生产性能、鸡蛋品质和血清生化指标的影响［J］. 畜牧与饲料科学，38（2）：38-40.

王宁宁，2017. 鸡常用疫苗及使用方法［J］. 现代畜牧科技（9）：148.

王润之，匡伟，鲁照见，等，2017. 蛋鸡舍内气体污染物的控制措施［J］. 畜禽业，28（10）：33-34.

王三立，周翠珍，张玉海，2007. 蛋鸡日粮添加落叶松针粉的试验［J］. 饲料研究（9）：43-44.

王寿辉，2015. 中草药防治鸡传染性支气管炎［J］. 畜牧兽医科技信息（10）：94-95.

王翔宇，2015. 枯草芽孢杆菌对蛋鸡生产性能及蛋品质的影响［D］. 长春：吉林大学.

王秀茹，2019. 在临床上兽药联合用药的应用［J］. 兽医导刊（3）：47-48.

王英华，刘建东，郭庆龙，等，2020. 鸡传染性支气管炎的防治［J］. 养殖与饲料，19（11）：108-110.

王泽霖，陈红英，1995. 斑点免疫金测定法检测鸡减蛋综合征抗体的研究［J］. 中国畜禽传染病（3）：6-10.

王竹，2016. 复合酸化剂的筛选及其对蛋鸡生产性能、蛋品质、养分代谢率及血液生化指标的影响 ［D］. 沈阳：沈阳农业大学.

吴俊锋，李吕木，詹凯，等，2012. 料型对蛋鸡生产性能的影响研究 ［J］. 中国粮油学报，27（9）：80-84，89.

吴永胜，2017. 畜禽废弃物资源化利用 ［M］. 成都：四川科学技术出版社.

武深树，2014. 畜禽粪便污染防治技术 ［M］. 长沙：湖南科学技术出版社.

武书庚，刘质彬，齐广海，等，2010. 酵母培养物对产蛋鸡生产性能和蛋品质的影响 ［J］. 动物营养学报，22（2）：365-371.

夏永康，梅文华，2006. 鸡常用疫苗的正确使用方法 ［J］. 中国畜牧兽医文摘（2）：66.

辛崇涛，2016. 化工仪表的维修与管理分析 ［J］. 石河子科技（5）：42-44.

辛小青，董晓芳，佟建明，2017. 不同干燥工艺加工的苜蓿粗多糖对蛋鸡生产性能、蛋品质和血清、鸡蛋中抗体含量的影响 ［J］. 动物营养学报，29（12）：4603-4612.

徐红蕊，陈小连，时建青，等，2017. 艾叶对热应激蛋鸡抗氧化功能、产蛋性能和蛋品质的影响 ［J］. 浙江大学学报：农业与生命科学版，43（1）：113-119.

徐少辉，2011. L-肉碱对产蛋鸡生产性能及抗氧化机能的影响 ［D］. 北京：中国农业科学院.

许记刚，王红宁，杨鑫，等，2016. 禽传染性支气管炎病毒 H52 反向遗传株的构建 ［J］. 四川大学学报（自然科学版）（3）：664-670.

薛飞群，2007. 抗寄生虫药物研究进展 ［J］. 兽医导刊（9）：36-39.

晏玲，曹伟胜，2018. 鸡白痢沙门菌检测技术进展 ［J］. 养禽与禽病防治（7）：2-9.

杨宝峰，陈建国，2018. 药理学 ［M］. 9 版. 北京：人民卫生出版社.

杨朝武，邱莫寒，余春林，等，2017. 标准化蛋鸡场规划与设计方案 ［J］. 当代畜牧（36）：2-3.

杨帆，王红宁，张安云，等，2015. 多重 PCR 检测病死鸡中沙门氏菌方法的研究 ［J］. 四川大学学报（自然科学版）（1）：163-169.

杨飞云，曾雅琼，冯泽猛，等，2019. 畜禽养殖环境调控与智能养殖装备技术研究进展 ［J］. 中国科学院院刊，34（2）：39-49.

杨国强，2018. 蛋鸡粪污处理与资源化利用技术模式 ［J］. 云南畜牧兽医

（4）：20-23.

杨柳，李保明，2015. 蛋鸡福利化养殖模式及技术装备研究进展［J］. 农业工程学报，31（23）：214-221.

杨秋霞，王洪芳，陈辉，等，2011. 饲粮中添加黄芪多糖对蛋鸡血清及蛋黄中脂肪性状的影响［J］. 动物营养学报，23（12）：2143-2148.

杨仁灿，沙茜，胡清泉，等，2021. 病死畜禽无害化处理技术与资源化利用探讨［J］. 现代农业科技（7）：176-179.

杨泰，2018. 姜黄素对蛋鸡蛋品质、抗氧化与免疫功能及肠道形态的影响［D］. 长沙：湖南农业大学.

杨曜，段怀洋，黄辉婧，2021. 鸡马立克氏病的诊断与防控［J］. 今日畜牧兽医，37（3）：16.

于人男，2021. 鸡毒支原体病的流行病学、临床症状、病理变化与防控措施［J］. 现代畜牧科技（3）：133-134.

于新东，2013. 蛋鸡场废弃物的无害化处理［J］. 养殖技术顾问（4）：13.

余祖华，丁轲，丁盼盼，等，2016. 植物乳杆菌 DPP8 对蛋鸡生产性能、血清生化指标和蛋品质的影响［J］. 中国兽医学报（9）：1608-1612.

袁齐武，孔令汉，门帅，等，2016. 料形对蛋鸡生产性能、蛋品质及沙门菌污染的影响研究［J］. 中国家禽（22）：24-29.

臧素敏，2015. 蛋鸡标准化养殖技术［J］. 北方牧业（12）：11.

翟新验，付雯，2020. 种鸡场主要疫病净化理论与实践［M］. 北京：中国农业出版社.

张兵，2009. 鸡传染性贫血病的诊断与防控［J］. 畜牧与饲料科学，30（Z2）：10-11，245.

张海棠，王自良，姜金庆，2013. 饲料卫生防控技术［M］. 北京：中国农业科学出版社.

张嘉琦，秦玉昌，李军国，等，2017. 酵母培养物对产蛋鸡生产性能、蛋品质及鸡蛋卫生指标的影响［J］. 动物营养学报，29（9）：3331-3340.

张建忠，唐玉琳，2013. 鸡传染性鼻炎的流行特点及防治措施［J］. 农村实用科技信息（2）：30.

张金枝，邵庆均，刘建新，等，2007. 刺五加浸膏对热应激蛋鸡生产性能和蛋品质的影响［J］. 中国畜牧杂志（3）：26-28.

张利芳，2013. 鸡传染性贫血的防治［J］. 农业技术与装备（15）：36-37.

张青山，2002. 规模化养鸡喷雾免疫方法［J］. 中国农村科技（6）：32-33.

张蓉蓉，罗青平，温国元，等，2009. 禽流感诊断方法研究进展［J］. 安徽农业科学，37（22）：10507-10510.

张瑞，赵景辉，王英平，等，2011. 甘草残渣、关苍术茎叶对番鸭生产性能和免疫性能的影响［J］. 特产研究，33（3）：19-21.

张瑞仙，2012. 杜仲叶、金银花对蛋鸡生产性能、免疫力、胆固醇代谢及蛋品质的影响［D］. 重庆：西南大学.

张玮，单安山，石莉莎，等，2009. 女贞子粉对蛋鸡生产性能及免疫力的影响［C］中国家禽科学研究进展——第十四次全国家禽科学学术讨论会论文集：1009-1013.

张新蕾，2010. 妥曲珠利口服溶液的研制及药效学研究［D］. 郑州：河南农业大学.

张秀美，2007. 新编兽药实用手册［M］. 济南：山东科学技术出版社.

张旭，蒋桂韬，王向荣，等，2011. 茶多酚对蛋鸡生产性能、蛋品质和蛋黄胆固醇含量的影响［J］. 动物营养学报，23（5）：869-874.

张学礼，2010. 养鸡与鸡病防治［M］. 银川：宁夏人民出版社.

赵光远，谢芝勋，谢丽基，等，2013. 鸭圆环病毒与鸭Ⅰ型肝炎病毒二重PCR检测方法的建立［J］. 生物技术通讯，23（6）：863-865.

赵绍珠，2021. 养鸡场隔离消毒措施［J］. 今日畜牧兽医，37（3）：35.

赵旭，迟强伟，沈一茹，等，2018. 饮水型酸化剂对蛋鸡生产性能、蛋品质及血清生化指标的影响［J］. 中国家禽，40（12）：30-33.

赵云焕，赵聘，2016. 规模化养鸡实用新技术［M］. 郑州：河南科学技术出版社.

赵云焕，2012. 养鸡实用新技术大全［M］. 北京：中国农业大学出版社.

郑长山，谷子林，2013. 规模化生态蛋鸡养殖技术［M］. 北京：中国农业大学出版社.

钟兆红，李明刚，罗明玉，2011. 种鸡人工授精的操作重点［J］. 养殖技术顾问（6）：87.

周建民，付宇，王伟唯，等，2019. 饲粮添加果寡糖对产蛋后期蛋鸡生产性能、营养素利用率、血清生化指标和肠道形态结构的影响［J］. 动物营养学报，31（4）：343-352.

周建强，2009. 科学养鸡大全［M］. 合肥：安徽科学技术出版社.

周岩，杨刚，2005. 杜仲叶粉对蛋鸡血清生化指标和蛋黄胆固醇含量的影响［J］. 湖北畜牧兽医（2）：52-53.

朱麟，王红宁，2008. 禽用减毒沙门菌活载体疫苗的研究进展［J］. 中国家禽（21）：27-30.

朱明月，2014. 鸡源高迁移率族蛋白B1与J亚群禽白血病病毒复制关系的

研究 [D]. 扬州：扬州大学.

朱止南，田亚军，2013. 禽巴氏杆菌病的流行与诊断 [J]. 现代畜牧科技 (11)：68-69.

Zhang A, Li Y, Guan Z, et al, 2018. Characterization of resistance patterns and detection of apramycin resistance genes in *Escherichia coli* isolated from chicken feces and houseflies after apramycin administration [J]. Frontiers in Microbiology, 9：328.

Isa G, Schelp C, Truyen U, 2003. Comparative studies with three different bovine blood sample BHV-1 ELISA tests：indirect ELISA and bG-blocking-ELISA [J]. Berliner Und Münchener Tierärztliche Wochenschrift, 116 (5-6)：192-196.

Jahanian R, Ashnagar M, 2015. Effect of dietary supplementation of mannan-oligosaccharides on performance, blood metabolites, ileal nutrient digestibility, and gut microflora in *Escherichia coli*-challenged laying hens [J]. Poult Sci, 94 (9)：2165-2172.

Lei C W, Zhang Y, Kang Z Z, et al, 2020. Vertical transmission of Salmonella Enteritidis with heterogeneous antimicrobial resistance from breeding chickens to commercial chickens in China [J]. Veterinary microbiology, 240：108538.

Lei C W, Zhang A Y, Wang H N, et al, 2016. Characterization of SXT/ R391 Integrative and Conjugative Elements in Proteus mirabilis Isolates from Food-Producing Animals in China [J]. Antimicrobial Agents & Chemotherapy, 60 (3)：1935-1938.

Lei K, Li Y L, Yu D Y, et al, 2013. Influence of dietary inclusion of Bacillus licheniformis on laying performance, egg quality, antioxidant enzyme activities, and intestinal barrier function of laying hens [J]. Poultry Science, 92 (9)：2389-2395.

Long M, Lai H, Deng W, et al, 2016. Disinfectant susceptibility of different Salmonella serotypes isolated from chicken and egg production chains [J]. Journal of Applied Microbiology, 121 (3)：672-681.

Ma B H, Mei X R, Lei C W, et al, 2020. Enrofloxacin Shifts Intestinal Microbiota and Metabolic Profiling and Hinders Recovery from *Salmonella enterica* subsp. enterica Serovar Typhimurium Infection in Neonatal Chickens [J]. mSphere, 5 (5)：e00725.

Mathlouthi N, Mohamed M A, Larbier M, 2003. Effect of enzyme preparation containing xylanase and β-glucanase on performance of laying hens fed wheat/barley- or maize/soybean meal-based diets [J]. British Poultry Science, 44 (1): 60-66.

Sattar, Bagheri, Hossein, et al, 2019. Laying hen performance, egg quality improved and yolk 5-methyltetrahydrofolate content increased by dietary supplementation of folic acid [J]. Animal Nutrition, 5 (2): 130-133.

Wang Y, Zhang A, Yang Y, et al, 2017. Emergence of, salmonella enterica, serovar indiana and california isolates with concurrent resistance to cefotaxime, amikacin and ciprofloxacin from chickens in China [J]. International Journal of Food Microbiology, 262: 23-30.

Xiang R, Zhang A, Lei C, et al, 2019. Spatial variability and evaluation of airborne bacteria concentration in manure belt poultry houses2 [J] . Poult Sci, 98 (3): 1202-1210.

Yang X, Li J, Liu H, Zhang P, et al, 2018. Induction of innate immune response following introduction of infectious bronchitis virus (ibv) in the trachea and renal tissues of chickens [J]. Microbial Pathogenesis, 116: 54-61.

Zhang Z K, Zhou Y S, Wang H N, et al, 2016. Molecular detection and Smoothing spline clustering of the IBV strains detected in China during 2011-2012 [J]. Virus Research, 211: 145-150.

图书在版编目（CIP）数据

蛋鸡养殖减抗技术指南／国家动物健康与食品安全创新联盟组编；王红宁主编．—北京：中国农业出版社，2022.7

（畜禽养殖减抗技术丛书）

ISBN 978-7-109-29682-4

Ⅰ.①蛋… Ⅱ.①国… ②王… Ⅲ.①卵用鸡—饲养管理—指南 Ⅳ.①S831.4-62

中国版本图书馆 CIP 数据核字（2022）第 121028 号

中国农业出版社出版

地址：北京市朝阳区麦子店街 18 号楼

邮编：100125

责任编辑：刘　伟　弓建芳　尹　杭

版式设计：刘亚宁　　责任校对：沙凯霖

印刷：中农印务有限公司

版次：2022 年 7 月第 1 版

印次：2022 年 7 月北京第 1 次印刷

发行：新华书店北京发行所

开本：880mm×1230mm　1/32

印张：8.75

字数：236 千字

定价：46.00 元